高等学校电子信息类系列教材

LabVIEW 程序设计与虚拟仪器

主 编　王福明　于丽霞
　　　　刘　吉　丁　博

主 审　孙万蓉

西安电子科技大学出版社

内 容 简 介

本书以虚拟仪器程序设计软件 LabVIEW 为对象，系统介绍了 LabVIEW 程序设计的基本概念、操作方法和实际应用的专门知识以及虚拟仪器的相关知识。书中详细介绍了 LabVIEW 的基础操作、编辑和调试的基本方法，LabVIEW 的程序结构、数组、簇和波形、图形显示、字符串和文件 I/O 以及 LabVIEW 在数学分析和信号处理、数据采集、仪器控制等方面的应用。书中所有例程都经过调试，部分实例是编者在工程实践中的总结。

本书内容丰富、论述简洁、密切联系实际，提供了大量设计实例，突出内容的系统性和实用性，可作为高校相关专业的教材或教学参考书，也可供相关工程技术人员和软件工程师参考。

★ 本书配有电子教案，需要者可登录出版社网站，免费下载。

图书在版编目(CIP)数据

LabVIEW 程序设计与虚拟仪器 / 王福明，于丽霞，刘吉等主编.
—西安：西安电子科技大学出版社，2009.6（2024.7重印）

ISBN 978−7−5606−2239−2

Ⅰ. L… Ⅱ. ① 王… ② 于… ③ 刘… Ⅲ. 软件工具，LabVIEW—程序设计—高等学校—教材 Ⅳ. TP311.56

中国版本图书馆 CIP 数据核字(2009)第 054393 号

责任编辑　刘小莉
出版发行　西安电子科技大学出版社(西安市太白南路2号)
电　　话　(029)88202421　88201467　　邮　编　710071
网　　址　www.xduph.com　　电子邮箱　xdupfxb001@163.com
经　　销　新华书店
印刷单位　广东虎彩云印刷有限公司
版　　次　2009年6月第1版　2024年7月第4次印刷
开　　本　787毫米×1092毫米　1/16　印 张　13.5
字　　数　312千字
定　　价　35.00元

ISBN 978 - 7 - 5606 - 2239 - 2
XDUP 2531001-4
＊＊＊ 如有印装问题可调换 ＊＊＊

前　言

　　LabVIEW 是一个业界领先的工业标准软件工具，用于开发测试、测量和控制系统。同时，LabVIEW 是一个完全开放式的虚拟仪器开发系统应用软件，利用它组建仪器测试系统和数据采集系统可以大大简化程序设计。

　　虚拟仪器是计算机技术与仪器技术完美结合的产物，代表了仪器的发展方向，它实际上是一个按照仪器需求组织的数据采集系统。目前在这一领域，使用较为广泛的计算机语言和开发环境是美国 NI 公司的 LabVIEW。LabVIEW 与虚拟仪器技术成为测控领域关注的热点技术。它在数据采集(DAQ)、虚拟仪器软件框架(VISA)、通用接口总线(GPIB)及串口仪器控制、图像处理、运动控制、数据分析和图表显示等方面都具有强大的优势。LabVIEW 已成为测量与自动化解决方案的实际工业标准。

　　基于 LabVIEW 的虚拟仪器技术在汽车、航空航天、半导体、通信、机械工程、生物医疗、地质勘探、铁路交通等诸多领域都有着广泛的应用。为帮助读者快速轻松地进入 LabVIEW 的编程世界，充分享受图形化编程语言为用户带来的灵活性和快捷性，本书由浅入深、循序渐进地介绍了 LabVIEW 软件开发平台的基本内容，内容系统完整，图文并茂，力求做到讲解透彻。

　　全书共分 9 章，3 大部分：第 1 部分(第 1 章)介绍虚拟仪器的基本概念和图形化编程语言的基本知识，系统介绍 LabVIEW 的安装、编程环境；第 2 部分(第 2 章至第 5 章)重点介绍 LabVIEW 的语法规则、程序结构、数组、簇和波形、图形显示、字符串和文件 I/O；第 3 部分(第 6 章至第 9 章)详细介绍 LabVIEW 在数据采集、数学分析和信号处理、仪器控制中的应用以及一些程序设计技巧。书中对 LabVIEW 常用工具都作了详尽的介绍，所有例程都经过调试和运行，部分实例是编者在工程实践中的总结。

　　由于编写时间有限，加之水平所限，书中难免有不足之处，希望广大读者批评指正。

编　者

2009 年 2 月

目 录

第 1 章 虚拟仪器及 LabVIEW 入门 1
1.1 虚拟仪器概述 1
1.1.1 虚拟仪器的概念 1
1.1.2 虚拟仪器的特点 2
1.1.3 虚拟仪器在各方面的应用 2
1.1.4 虚拟仪器的发展趋势 3
1.2 LabVIEW 简介 3
1.3 LabVIEW 的运行机制 4
1.3.1 LabVIEW 的安装与启动 4
1.3.2 LabVIEW 程序的基本构成 6
1.4 LabVIEW 的操作模板 8
1.5 LabVIEW 帮助 14
1.6 LabVIEW 的初步操作 15
1.6.1 创建 VI 15
1.6.2 程序编辑和调试技术 16
1.6.3 子 VI 建立和调用 20
1.7 数据类型和数据操作 24
1.7.1 数值型 24
1.7.2 布尔型 26
1.7.3 数学运算 29
1.8 Express VI 31
1.8.1 初识 Express VI 32
1.8.2 Express VI 简介 33
习题 1 36

第 2 章 程序结构 37
2.1 循环结构 37
2.1.1 While 循环 37
2.1.2 移位寄存器 38
2.1.3 For 循环 40
2.1.4 反馈节点 41
2.2 分支结构 42
2.2.1 添加、删除和排序分支 44
2.2.2 输入和输出数据 45
2.3 顺序结构 46
2.3.1 堆叠的顺序结构 46
2.3.2 平铺的顺序结构 47
2.4 公式节点 49
习题 2 53

第 3 章 数组、簇和波形 54
3.1 数组 54
3.1.1 数组的创建 54
3.1.2 多维数组 56
3.1.3 利用循环结构创建数组 56
3.1.4 数组函数 57
3.1.5 多态性 70
3.2 簇 71
3.2.1 簇的创建 71
3.2.2 簇的顺序 71
3.2.3 簇的功能函数 72
3.2.4 簇和数组互换 77
3.3 波形 77
3.3.1 Time Stamp 和 Variant 77
3.3.2 波形数据的组成 78
3.3.3 波形数据的操作节点 79
习题 3 80

第 4 章 图形显示 81
4.1 Graph 控件 81
4.1.1 Waveform Graph 的属性设置 82
4.1.2 Waveform Graph 组成元素的使用方法 85
4.1.3 Waveform Graph 使用举例 87
4.2 Chart 控件 88
4.2.1 Waveform Chart 的属性设置 89
4.2.2 Waveform Chart 使用举例 90

4.3	XY Graph	92
4.4	Express XY Graph	93
4.5	Intensity Graph 和 Chart	94
4.6	Digital Waveform Graph	96
4.7	三维图形控件	96
	4.7.1 3D Surface Graph	96
	4.7.2 3D Parametric Graph	98
	4.7.3 3D Curve Graph	98
4.8	图形控件(Picture)	99
习题 4		100

第5章 字符串和文件 I/O ... 102

5.1	字符串	102
	5.1.1 字符串控件	102
	5.1.2 字符串控件的属性	104
	5.1.3 基本字符串节点	105
	5.1.4 附加字符串节点	108
	5.1.5 字符串使用举例	111
5.2	文件的输入/输出	113
	5.2.1 文件 I/O 节点简介	114
	5.2.2 电子表格文件的输入/输出	120
	5.2.3 文本文件的输入/输出	121
	5.2.4 二进制文件的输入/输出	122
	5.2.5 数据记录文件的使用	123
	5.2.6 波形文件的使用	124
	5.2.7 LabVIEW 测试文件的使用	125
习题 5		128

第6章 数据采集 ... 129

6.1	数据采集基础	129
	6.1.1 DAQ 系统的构成	129
	6.1.2 信号调理	130
	6.1.3 输入信号类型	131
	6.1.4 模拟输入信号的连接方式	133
	6.1.5 采样定理与抗混叠滤波器	136
6.2	模拟 I/O	138
6.3	DAQ VI 的组织结构	140
6.4	DAQ 设备的安装与配置	141
	6.4.1 数据采集卡的功能	141
	6.4.2 数据采集卡的设置与测试	142
6.5	模拟输入	145

6.6	模拟输出	146
6.7	数字 I/O	147
6.8	基于声卡的数据采集	147
习题 6		149

第7章 数学分析与信号处理 ... 150

7.1	概述	150
7.2	数学分析	151
	7.2.1 公式运算节点	152
	7.2.2 函数计算	152
	7.2.3 微积分运算	155
	7.2.4 概率统计	156
	7.2.5 曲线拟合	158
	7.2.6 线性代数	160
	7.2.7 数组运算	161
	7.2.8 最优化	163
	7.2.9 零点求解	164
7.3	数字信号处理	165
	7.3.1 信号发生	165
	7.3.2 时域分析	168
	7.3.3 频域分析	170
	7.3.4 滤波器	173
	7.3.5 窗函数	177
习题 7		179

第8章 LabVIEW 程序设计技巧 ... 180

8.1	局部变量和全局变量	180
	8.1.1 局部变量	180
	8.1.2 全局变量	182
8.2	属性节点	185
	8.2.1 属性节点的创建	185
	8.2.2 基本属性	186
	8.2.3 属性节点的使用	189
8.3	VI 属性设置	190
习题 8		191

第9章 仪器控制 ... 192

9.1	串行通信	192
9.2	GPIB 总线标准(IEEE 488)	193
	9.2.1 GPIB 概念	193
	9.2.2 GPIB 总线的结构和工作方式	193
	9.2.3 GPIB 子模板简介	194

9.2.4　GPIB 仪器应用举例 195
9.3　VISA 编程 196
　　9.3.1　VISA 的基本概念 196
　　9.3.2　VISA 子模块简介 196
　　9.3.3　VISA 应用举例 198
9.4　VXI 和 PXI 总线系统简介 199
　　9.4.1　VXI 总线系统 199
　　9.4.2　PXI 总线系统 200
9.5　LabVIEW 仪器驱动程序 202
　　9.5.1　验证仪器驱动软件 202
　　9.5.2　仪器 I/O 助手 203
习题 9 204

参考文献 205

第1章 虚拟仪器及 LabVIEW 入门

1.1 虚拟仪器概述

传统仪器技术发展到今天，已经经历了模拟仪器、数字仪器、智能仪器等阶段，从20世纪70年代开始进入到了虚拟仪器时代。

通常，在完成某个测试任务时需要很多仪器，如示波器、电压表、频率分析仪、信号发生器等，对复杂的数字电路系统还需要逻辑分析仪、IC测试仪等。这么多的仪器不仅价格昂贵、体积大、占用空间，相互连接起来很费事、费时，而且经常由于仪器之间的连接、信号带宽等方面的问题给测量带来很多麻烦，使得原本并不复杂的测量变得异常困难。

要提高电子测量仪器的测量准确度和效率，就要求仪器本身具有自动调节、校准、量程转换、计算、寻找故障等功能，能自动存储有关数据并在需要时自动调出等，这些要求传统仪器很难满足，在以前几乎被视为不可能的事。

计算机科学和微电子技术的迅速发展和普及，有力地促进了多年来发展相对缓慢的仪器技术。目前，正在研究的第三代自动测试系统中，计算机处于核心地位，计算机软件技术和测试系统更紧密地结合成了一个有机整体，仪器的结构概念和设计观点等都发生了突破性的变化，出现了新的仪器概念——虚拟仪器。由于虚拟仪器应用软件集成了仪器的所有采集、控制、数据分析、结果输出和用户界面等功能，使传统仪器的某些硬件乃至整个仪器都被计算机软件所代替。

1.1.1 虚拟仪器的概念

虚拟仪器(Virtual Instrument，VI)的概念是由美国国家仪器公司提出来的，虚拟仪器本质上是虚拟现实一个方面的应用结果。也就是说虚拟仪器是一种功能意义上的仪器，它充分利用计算机系统强大的数据处理能力，在基本硬件的支持下，利用软件完成数据的采集、控制、数据分析和处理以及测试结果的显示等，通过软、硬件的配合来实现传统仪器的各种功能，大大突破了传统仪器在数据处理、显示、传送、存储等方面的限制，用户可以方便地对仪器进行维护、扩展和升级。

虚拟仪器是基于计算机的仪器，计算机和仪器的密切结合是目前仪器发展的一个重要方向，虚拟仪器就是在通用计算机上加上一组软件和硬件，使得使用者在操作这台计算机时，就像是在操作一台自己设计的专用的传统电子仪器。

在虚拟仪器系统中，硬件仅仅是为了实现信号的输入、输出，软件才是整个仪器系统的关键。任何一个使用者都可以通过修改软件的方法，很方便地改变、增减仪器系统的功能与规模，所以有"软件就是仪器"之说。

虚拟仪器的基本构成包括计算机、虚拟仪器软件、硬件接口模块等，其中，硬件接口模块可以包括插入式数据采集卡(DAQ)、串/并口、IEEE 488 接口(GPIB)卡、VXI 控制器以及其他接口卡。目前较为常用的虚拟仪器系统是数据采集卡系统、GPIB 仪器控制系统、VXI 仪器系统以及这三者之间的任意组合。

1.1.2 虚拟仪器的特点

虚拟仪器的最大特点是将计算机资源与仪器硬件、DSP 技术相结合，在系统内共享软硬件资源，打破了以往由厂家定义仪器功能的模式，由用户自己定义仪器功能。在虚拟仪器中，使用相同的硬件系统，通过不同的软件编程，就可以实现功能完全不同的测量仪器。传统仪器与虚拟仪器系统的比较如表 1.1 所示。

表 1.1　传统仪器与虚拟仪器系统的比较

	传统仪器	虚拟仪器系统
系统标准	仪器厂商定义	用户自定义
系统关键	硬件	软件
系统更改	仪器功能、规模固定	系统功能、规模可通过软件修改、增减
系统连接	系统封闭，与其他设备连接受限	开放的系统，可方便地与外设、网络及其他应用连接
价格	昂贵	低，可重复利用
技术更新周期	5～10 年	1～2 年
开发、维护费用	高	低

由此可见，虚拟仪器尽可能采用通用的硬件，各种仪器的差异主要是软件，同时能充分发挥计算机的能力，有强大的数据处理功能，可以创造出功能更强的"个性仪器"。

1.1.3 虚拟仪器在各方面的应用

虚拟仪器系统开放、灵活，可与计算机技术保持同步发展，以提高精确度，降低成本，并大大节省用户的开发时间，因此已经在测量领域得到广泛的应用。

1. 监控方面

用虚拟仪器系统可以随时采集和记录从传感器传来的数据，并对之进行统计、数字滤波、频域分析等处理，从而实现监控功能。

2. 检测方面

在实验室中，利用虚拟仪器开发工具开发专用虚拟仪器系统，可以把一台个人计算机变成一组检测仪器，用于数据/图像采集、控制与模拟。中国农业大学的研究人员利用虚拟仪器开发平台开发了用于精密播种机性能检测的实验室自动化系统。

3. 教育方面

现在，随着虚拟仪器系统的广泛应用，越来越多的教学部门也开始用它来建立教学系统，不仅大大节省了开支，而且由于虚拟仪器系统具有灵活、可重用性强等优点，使得教学方法也更加灵活了。

4．电信方面

由于虚拟仪器具有灵活的图形用户接口和强大的检测功能，同时又能与 GPIB 和 VXI 仪器兼容，因此很多工程师和研究人员都把它用于电信检测和场测试。

1.1.4 虚拟仪器的发展趋势

随着计算机技术、电子技术、网络通信技术的进步和不断拓展，未来的仪器概念将是一个开放的系统概念。计算机和现代仪器相互包容，计算机网络也就是通用的仪器网络，在测控系统中有更多不同类型的智能设备像计算机和工作站一样成为网络的节点联入网络，比如各种智能仪器、虚拟仪器及传感器等，通过充分利用目前已比较成熟的 Internet 网络的设施，不仅能实现更多资源的共享，降低组建系统的费用，还可提高测控系统的功能，并拓宽其应用的范围，"网络就是仪器"的概念确切地概括了仪器的网络化发展趋势。

计算机技术、传感器技术、网络技术与测量、测控技术的结合，使网络化、分布式测控系统的组建更为方便，以 Internet 为代表的计算机网络技术的迅猛发展及相关技术的不断完善，使得计算机网络的规模更大，应用更广。在国防、通信、航空航天、气象、制造等领域，对大范围的网络化测控将提出更迫切的需求，网络技术也必将在测控领域得到广泛的应用。网络化仪器很快会发展并成熟起来，从而有力地带动和促进现代测量技术即网络测量技术的进步。

目前，我国的虚拟仪器设计、生产、使用也已经起步，我国有几家企业正在研制 PC 虚拟仪器，产品已达到一定的批量。国内专家预测：未来的几年内，我国将有 50%的仪器为虚拟仪器，届时，国内将有大批企业使用虚拟仪器系统对生产设备的运行状况进行实时监测。随着微型计算机的发展，各种有关软件不断诞生，虚拟仪器将会逐步取代传统的测试仪器而成为测试仪器的主流。

1.2 LabVIEW 简介

LabVIEW 是美国国家仪器公司(National Instruments，以下简称 NI 公司)研制的一个功能强大的开发平台，于 1983 年 4 月问世，主要是为仪器系统的开发者提供一套能够快捷地建立、检测和修改仪器系统的图形软件系统，1986 年推出的 LabVIEW for Macintosh 引发了仪器工业的革命。1990 年 1 月，LabVIEW 正式推出，它提供了图形编译功能，使得 LabVIEW 中的 VI(虚拟仪器)可以与编译 C 语言以一样的速度运行。1992 年，LabVIEW 的多平台版本问世，使它可以在 Windows、Macintosh 以及 Sun Solaris 等平台上运行。1993 年，LabVIEW 3.0 版本开发完成，同时提供给用户的是一个应用系统生成器(Application Builder)，它使得 LabVIEW 的 VI 变成一个可以独立运行的程序。经过十多年的发展，我们今天看到的 LabVIEW 已经成为一个具有直观界面、便于开发、易于学习且具有多种仪器驱动程序和工具库的大型仪器系统开发平台。

LabVIEW(Laboratory Virtual Instrument Engineering Workbench)是一种图形化的编程语

言，它广泛地被工业界、学术界和研究实验室所接受，被视为一个标准的数据采集和仪器控制软件。LabVIEW 集成了与满足 GPIB、VXI、RS-232 和 RS-485 协议的硬件及数据采集卡通信的全部功能。它还内置了便于应用 TCP/IP、ActiveX 等软件标准的库函数，是一个功能强大且灵活的软件，利用它可以方便地建立自己的虚拟仪器，其图形化的界面使得编程及使用过程都生动有趣。

图形化的程序语言又称为"G"语言，它与 C、Pascal、Basic 等传统编程语言有着诸多相似之处，如相似的数据类型、数据流控制结构、程序调试工具以及层次化、模块化的编程特点等。但二者最大的区别在于，传统编程语言用文本语言编程，而 LabVIEW 使用图形语言(即各种图标、图形符号、连线等)，以框图的形式编写程序。用 LabVIEW 编程无需具备太多编程经验，因为 LabVIEW 使用的都是测试工程师们熟悉的术语和图标，如各种旋钮、开关、波形图等，界面非常直观形象，因此 LabVIEW 对于缺乏丰富编程经验的测试工程师们来说无疑是个极好的选择。

LabVIEW 作为一个面向最终用户的工具，它可以增强构建科学和工程系统的能力，提供了实现仪器编程和数据采集系统的便捷途径，使用它进行原理研究、设计、测试并实现仪器系统时，可以大大提高工作效率。

利用 LabVIEW，可产生独立运行的可执行文件，它是一个真正的 32 位编译器。像许多重要的软件一样，LabVIEW 提供了 Windows、UNIX、Linux、Macintosh 等多种版本。

1.3　LabVIEW 的运行机制

1.3.1　LabVIEW 的安装与启动

LabVIEW 的安装非常简单，只需要按照提示，选择必要的安装项就可以完成。其安装速度取决于计算机硬件。为了控制 VXI、GPIB 和 DAQ 设备，还需要运行专用仪器驱动设备和 VISA 库函数的安装程序。

从开始菜单中运行"National Instruments LabVIEW 7.1"，将出现如图 1-1 所示的欢迎窗口，在这里可检查帮助文档和升级提示。

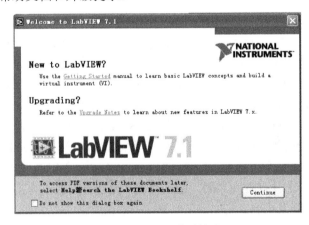

图 1-1　LabVIEW 的欢迎窗口

单击 Continue，进入启动界面，如图 1-2 所示。

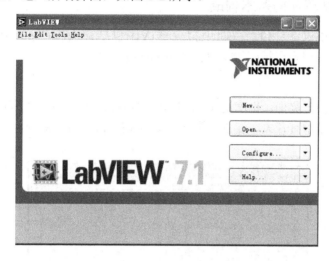

图 1-2　LabVIEW 的启动界面

图 1-2 中各按钮功能如下：

(1) New…：创建一个空白的 VI 或者从模板生成一个 VI。

(2) Open…：打开一个最近操作过的 VI 或者打开一个例程。

(3) Configure…：设置 Measurement and Automation Explore 或 LabVIEW。

(4) Help…：查看包括 VI 说明、查找例程、错误代码说明、网络资源等帮助信息。

在 LabVIEW 对话框中单击 New…按钮，将弹出如图 1-3 所示的对话框，在对话框左边的 Create new 中，树型控件用于选择新建文档类型。其中，Blank VI 用于建立新程序；VI from Template 按类型列出了 LabVIEW 提供的程序模板；Other Document Types 列出了其他文档的类型，选中适当的文档类型后，单击 OK 按钮，打开对应的新文档窗口。

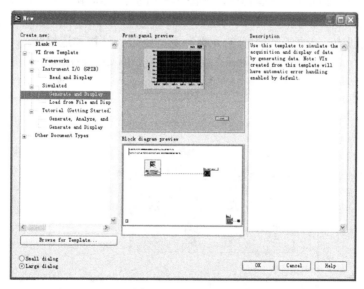

图 1-3　New 对话框

1.3.2 LabVIEW 程序的基本构成

所有的 LabVIEW 应用程序(即虚拟仪器(VI))包括前面板(Front Panel)、框图程序(Diagram Programme)以及图标/连接器(Icon/Connector)三部分。

1．前面板

前面板是图形用户界面，也就是 VI 的虚拟仪器面板，这一界面上有用户输入和显示输出两类对象，具体显示有开关、旋钮、图形以及其他控制(control)和显示对象(indicator)，如图 1-4 所示。

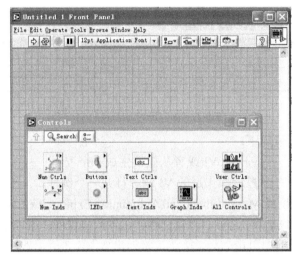

图 1-4　前面板开发窗口

2．框图程序

框图程序提供 VI 的图形化源程序，如图 1-5 所示。在框图程序中对 VI 编程，以控制和操纵定义在前面板上的输入和输出功能。框图程序中包括前面板上控件的连线端子，还有一些前面板上没有，但编程必须有的元素，例如函数、结构和连线等。

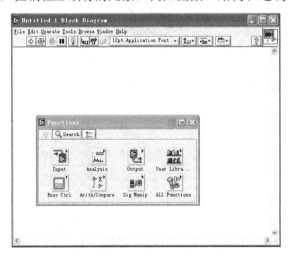

图 1-5　框图程序编辑窗口

如果将 VI 与标准仪器相比较，那么前面板就相当于仪器面板，而框图相当于仪器箱内的功能部件。在很多情况下，使用 VI 可以仿真标准仪器。

框图程序是由节点、端点、图框和连线四种元素构成的。

(1) 节点。节点类似于文本语言程序的语句、函数或者子程序。LabVIEW 有两种节点类型，即函数节点和子 VI 节点。两者的区别在于：函数节点是 LabVIEW 以编译好了的机器代码供用户使用的，而子 VI 节点是以图形语言形式提供给用户的。用户可以访问和修改任一子 VI 节点的代码，但无法对函数节点进行修改。

(2) 端点。端点是只有一路输入/输出，且方向固定的节点。LabVIEW 有三类端点，即前面板对象端点、全局与局部变量端点和常量端点。对象端点是数据在框图程序部分和前面板之间传输的接口。一般来说，一个 VI 的前面板上的对象(控制或显示)都在框图中有一个对象端点与之一一对应。当在前面板创建或删除面板对象时，可以自动创建或删除相应的对象端点。控制对象对应的端点在框图中是用粗框框住的。常量端点永远只能在 VI 程序框图中作为数据流源点。

(3) 图框。图框是 LabVIEW 实现程序结构控制命令的图形表示，如循环控制、条件分支控制和顺序控制等，编程人员可以使用它们控制 VI 程序的执行方式。代码接口节点(CIN)是框图程序与用户提供的 C 语言文本程序的接口。

(4) 连线。连线是端口间的数据通道，它们类似于普通程序中的变量。数据是单向流动的，从源端口向一个或多个目的端口流动。不同的线型代表不同的数据类型。在彩显上，每种数据类型还以不同的颜色予以强调。

下面是一些常用数据类型所对应的线型和颜色，关于数据类型和数组的概念将在后面章节讨论。

		标量	一维数组	二维数组
整形数	蓝色	———	═══	═══
浮点数	橙色	———	═══	═══
逻辑量	绿色	······	~~~	≈≈≈
字符串	粉色	~~~	ooo	≋≋≋
文件路径	青色	———	ooo	≋≋≋

当需要连接两个端点时，在第一个端点上点击连线工具(从工具模板栏调用)，然后移动到另一个端点，再点击第二个端点。端点的先后次序不影响数据流动的方向。

当把连线工具放在端点上时，该端点区域将会闪烁，表示连线将会接通该端点。当把连线工具从一个端口接到另一个端口时，不需要按住鼠标左键。当需要连线转弯时，点击一次鼠标左键，即可以正交垂直方向地弯曲连线，按空格键可以改变转角的方向。

3．前面板和框图程序的工具条

在前面板和框图程序窗口中，各有一个控制 VI 的命令按钮和状态指示器工具条。尽管前面板工具条和框图程序窗口中的工具条各自包含一些相同的按钮和指示器，但它们有所不同。前面板窗口顶端的工具条如图1-6所示，框图程序窗口顶端的工具条如图1-7所示。

图1-6　前面板工具条

图1-7　框图程序窗口工具条

在前面板或框图程序上，对齐对象(Align Objects)用于将变量对象设置成较好的对齐方式。选择希望对齐的对象后，可对两个及其以上的对象设置较好的对齐方式。对齐对象的下拉菜单如图1-8所示。

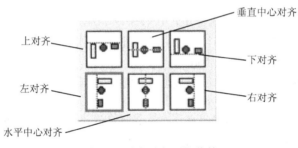

图1-8　对齐对象下拉菜单

4．图标/连接器

VI具有层次化和结构化的特征。一个VI可以作为子程序，这里称为子VI(subVI)，被其他VI调用。图标与连接器在这里相当于图形化的参数，在软件默认的情况下程序框图和前面板的右上角显示活动的VI的图标。

1.4　LabVIEW的操作模板

在LabVIEW的用户界面上提供了3个浮动的图形化模板(Palette)，包括工具(Tools)模板、控件(Control)模板、功能(Functions)模板。这3个模板功能强大、使用方便、表示直观，是用户编程的主要工具。

1．工具模板

LabVIEW的工具模板提供用于操作、编辑前面板和框图程序上的各种对象，若使用某工具，只需要单击该工具就可以。工具模板如图1-9所示。在LabVIEW窗口中主菜单Windows下选择Show Tools Palette命令可以显示该模板。表1.2所示为工具模板中的各个工具的名称和功能。

图1-9　工具模板

表1.2 工具模板功能一览表

图标	名称	功能
	Operation Tool	操作工具，用于管理前面板对象，如修改文本、控制刻度范围等
	Positioning Tool	定位工具，用于选择、移动、缩放前面板对象
	Labeling Tool	标注工具，用于输入文本和创建前面板对象标注
	Wiring Tool	连线工具，用于在框图对象之间连线
	Object pop-up menu Tool	弹出菜单工具，用于弹出对象的属性菜单，与鼠标右键相同
	Scrolling Tool	滚动工具，在窗口内任意移动对象
	Break Point Tool	断点工具，用于给框图对象设置断点
	Probe Tool	探针工具，用于在框图连线上设置数据探针
	Color Copy Tool	颜色拷贝工具，点取对象颜色，调用颜色工具
	Automatic Tool Selection	自动选择工具，根据鼠标相对于控件的位置自动选择合适的工具
	Color Tool	颜色工具，选择颜色裁剪板，或用颜色拷贝工具点取的颜色给对象上色

2．控件模板

该模板用来给前面板设置各种所需的输出显示对象和输入控制对象，每个图标代表一类子模板。如果控件模板不显示，可以用 Windows 菜单的 Show Controls Palette 功能打开它，也可以在前面板的空白处，点击鼠标右键，以弹出控件模板。

控件模板如图 1-10 所示，其中图标右上角的黑色三角表明该图标为子模板，要显示具体控件需打开子模板。表 1.3 给出了 Controls 子模板的功能描述。

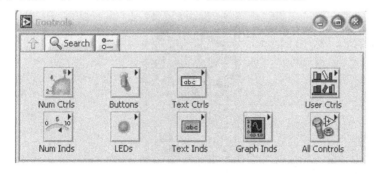

图 1-10 控件模板

表 1.3 Controls 模板中子模板功能一览表

序号	图标	子模板名称	功　　能
1		Numeric Controls	各种数值控制器，包含数字、滑杆、旋钮等
2		Buttons&Switches	各种布尔控制器和指示器，包括按钮和开关
3		Text Controls	字符串、路径和 Ring 控制器
4		Express User Controls	放置用户定义的控件
5		Numeric Indicators	各种数值指示器，包括数字指示器、仪表盘、进度条和温度计等
6		LEDs	LED 指示灯，包括方形 LED 指示灯、圆形 LED 指示灯
7		Text Indicators	字符串、Express 表格和文件路径指示器
8		Graph Indicators	以图形化的方式输出显示数据，包括 Chart 和 Graph
9		All Controls	所有控件子模板。存放 LabVIEW 所有的前面板对象

Controls 模板中的子模板 All Controls 中包括了 LabVIEW 所有的面板对象，如图 1-11 所示。表 1.4 所示为 All Controls 中各个子模板的主要功能。

图 1-11 All Controls 子模板

表 1.4 控件模板中的 All Controls 子模板功能介绍

序号	图标	子模板名称	功　　能
1		Numeric (数值量)	数值的控制和显示。包含数字式、指针式显示表盘及各种输入框
2		Boolean (布尔量)	逻辑数值的控制和显示。包含各种布尔开关、按钮以及指示灯等
3		String & Path (字符串和路径)	字符串和路径的控制和显示
4		Array & Cluster (数组和簇)	数组和簇的控制和显示
5		List & Table (列表和表格)	列表和表格的控制和显示
6		Graph(图形显示)	显示数据结果的趋势图和曲线图
7		Ring & Enum (环与枚举)	环与枚举的控制和显示
8		I/O (输入/输出功能)	输入/输出功能。用于操作 OLE、ActiveX 等功能
9		Refnum	标识号
10		Dialog Controls (对话框)	对话框子模板
11		Clussic Controls (经典控制)	经典控制，指以前版本软件的面板图标
12		Activex	用于 ActiveX 等功能
13		Decorations (装饰)	用于给前面板进行装饰的各种图形对象
14		Select a Controls (控制选择)	调用存储在文件中的控制和显示的接口
15		User Controls (用户控制)	用户自定义的控制和显示

3. 功能模板

功能模板是创建框图程序的工具。该模板上的每一个顶层图标都表示一个子模板。若功能模板不出现，则可以用 Windows 菜单下的 Show Functions Palette 功能打开它，也可以在框图程序窗口的空白处点击鼠标右键，以弹出功能模板。

功能模板如图 1-12 所示，功能模板的第一层的前 7 个模板是 Express 子模板，其子模板功能如表 1.5 所示。

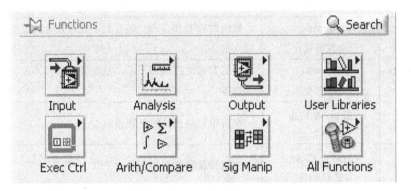

图 1-12　功能模板

表 1.5　功能模板中的子模板的介绍

序号	图标	名　称	功　　能
1		Input (输入)	存放用于输入 Express VI 采集数据或仿真信号等各种仪器的输入
2		Signal Analysis (信号分析)	存放用于对各种数字信号进行分析的 Express VI 节点
3		Output (输出)	存放用于各种仪器的输出的 Express VI 节点
4		Express User Libraries (Express 用户库)	放置用户自定义的 VI 和函数
5		Execution Control (执行控制)	存放用于控制 VI 运行的各种结构
6		Arithmetic & Comparison (算术和比较)	存放数学运算、布尔运算和比较运算的 Express 节点
7		Signal Manipulation (信号操作)	操作信号和信号转换

功能模板的第 8 个模板是 All Functions 子模板，其中存放了 LabVIEW 所有的功能节点，表 1.6 所示为各个子模板的功能和作用。

表 1.6 功能模板中的 All Functions 子模板的介绍

序号	图标	子模板名称	功能
1		Structure(结构)	包括程序控制结构命令,例如循环控制等,以及全局变量和局部变量
2		Numeric(数值运算)	包括各种常用的数值运算,还包括数制转换、三角函数、对数、复数等运算以及各种数值常数
3		Boolean(布尔运算)	包括各种逻辑运算符以及布尔常数
4		String(字符串运算)	包含各种字符串操作函数、数值与字符串之间的转换函数,以及字符(串)常数等
5		Array(数组)	包括数组运算函数、数组转换函数以及常数数组等
6		Cluster(簇)	包括簇的处理函数以及簇常数等。这里的簇相当于 C 语言中的结构
7		Comparison(比较)	包括各种比较运算函数,如大于、小于、等于
8		Time & Dialog(时间和对话框)	包括对话框窗口、时间和出错处理函数等
9		File I/O(文件输入/输出)	包括处理文件输入/输出的程序和函数
10		Data Acquisition(数据采集)	包括数据采集硬件的驱动以及信号调理所需的各种功能模块
11		Waveform(波形)	各种波形处理工具
12		Analyze(分析)	信号发生、时域及频域分析功能模块及数学工具
13		Instrument I/O(仪器输入/输出)	包括 GPIB(488、488.2)、串行、VXI 仪器控制的程序和函数,以及 VISA 的操作功能函数
14		Motion & Vision(运动与视觉)	
15		Mathematics(数学)	包括统计、曲线拟合、公式框节点等功能模块,以及数值微分、积分等数值计算工具模块

续表

序号	图标	子模板名称	功　　能
16		Communication (通信)	包括 TCP、DDE、ActiveX 和 OLE 等功能的处理模块
17		Application Control (应用控制)	包括动态调用 VI、标准可执行程序的功能函数
18		Graphics & Sound (图形与声音)	包括 3D、OpenGL、声音播放等功能模块及调用动态连接库和 CIN 节点等功能的处理模块
19		Tutorial (示教课程)	包括 LabVIEW 示教程序
20		Report Generation (文档生成)	
21		Advanced (高级功能)	
22		Select a VI (选择子 VI)	
23		User Library (用户子 VI 库)	

1.5　LabVIEW 帮助

LabVIEW 为用户提供了非常全面的帮助信息，有效地利用帮助信息是掌握 LabVIEW 的一条捷径。LabVIEW 提供了各种获取帮助信息的方法，包括实时上下文帮助(Show Context Help)、联机帮助、LabVIEW 范例查找器(Find Examples)和网络资源(Web Resources)。

要显示实时上下文帮助窗口，可选择菜单栏中的 Help→Show Context Help 选项或直接单击工具栏中的图标 ，会弹出 Context Help 对话框，如图 1-13 所示。

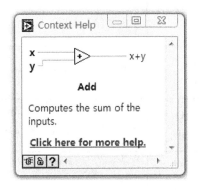

图 1-13　Context Help 对话框

单击 Context Help 对话框中 Click here for more help 会弹出更详细的联机帮助，如图 1-14 所示。这是一个 Windows 标准风格的帮助窗口，包含了 LabVIEW 全部的帮助信息。用户也可以选择主菜单的 Help→VI, Function, & How-To Help…选项打开它, 打开该窗口的快捷键是 F1 和 Ctrl+?。

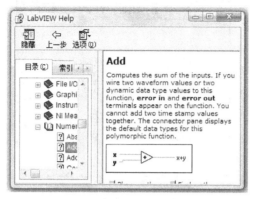

图 1-14　完整的帮助信息窗口

1.6　LabVIEW 的初步操作

1.6.1　创建 VI

在此以一个简单的例子说明 VI 的创建步骤。

【例 1.1】　分别求两个双精度浮点数的和、差。

(1) 选择 File→New, 在下拉菜单中选择 Blank VI,, 打开一个空白的 VI。

(2) 在前面板创建两个数字控制器(Numeric Control)和两个数字指示器(Numeric Indicator), 分别命名为 A、B、C 和 D。其中 A、B 作为两个双精度的数, C 作为和, D 作为差。前面板如图 1-15 所示。

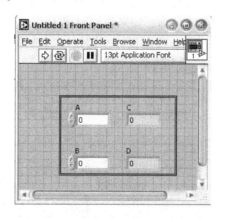

图 1-15　前面板

(3) 切换到框图程序界面添加加法(Add)和减法(Subtract)运算节点, 两个节点都位于 Functions→All Functions→Numeric 子模板中。

(4) 将鼠标切换到连线工具, 连接图标, 完成框图程序, 如图 1-16 所示。

(5) 切换到前面板, 输入数据, 运行程序, 观察实验结果。

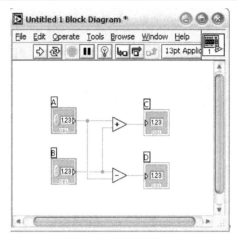

图 1-16 框图程序

1.6.2 程序编辑和调试技术

因为 G 语言中采用图形化的编程方式，所以使用的菜单以及各个模板中编辑和调试工具也都采用图形符号。本节主要讲述如何在前面板和框图面板中创建、选中、删除、移动和排列对象，以及调试中常用到的方法。

1. VI 的编辑

创建 VI 以后，还需要对 VI 进行编辑，使 VI 的图形化交互式界面更加美观、友好，操作方便且更接近于真实仪器，使框图程序布局清新、结构合理和易于修改。

1) 选择对象

在前面板和框图窗口中，使用定位工具(Positioning Tool)来选择对象，使用定位工具还可以移动和调整对象的大小。使用时，在定位工具移动到对象上时单击鼠标左键。此时，被选中的对象将出现环绕的虚线轮廓。如果想同时选中多个对象，则可按住 Shift 键的同时使用定位工具逐个单击选取对象，或用鼠标左键拖拽出选择框，框内的所有对象都将被选中。图 1-17 所示为多个对象的选中状态。

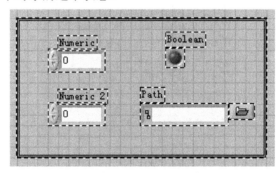

图 1-17 多个对象的选中状态

2) 调整对象的大小

大多数 VI 对象都有尺寸控制点，当对象操作工具移动到对象上时，尺寸控制点将自动显示出来，拖动某一个控制点时可以改变对象在该位置的尺寸，如图 1-18 所示。有些对象只能改变水平或垂直方向上的大小,或者保持比例不变。

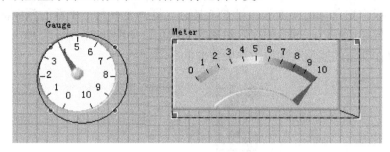

图 1-18 调整对象的大小

3) 复制和删除对象

按住 Ctrl 键,用定位工具在对象上单击并将其拖放到新的位置,然后释放鼠标,对象的副本出现在新位置,标签在原来名字上加序号,原来对象不变,如图 1-19 所示。或者在 Edit 下选 Copy,然后再选 Paste。

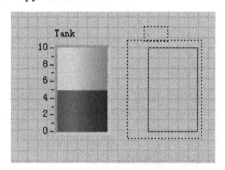 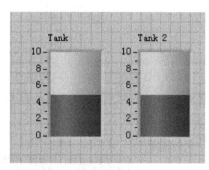

图 1-19 对象的复制

选择对象并在 Edit 菜单中选 Clear,完成删除操作。也可以选中对象,按下 Delete 键删除选中对象。注意:如果选中的是程序结构元素,则执行删除操作将会把结构中的其他代码全部删除。

4) 改变文本字体

文本属性的修改可通过前面板和框图面板窗口工具条上的 Text Setings 的下拉菜单来进行,Text Setings 的菜单如图 1-20 所示。

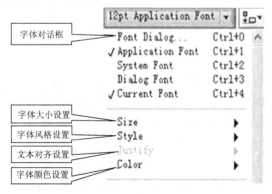

图 1-20 文本设置菜单

5) 改变对象的颜色

在工具模板中把鼠标切换到颜色设置工具时，将有上下两个重叠的颜色框，上面的表示对象的前景色或边框色，下面的表示对象的背景色，如图 1-21 所示。单击其中的一个颜色框，就可以在弹出的颜色对话框中选中需要的颜色。

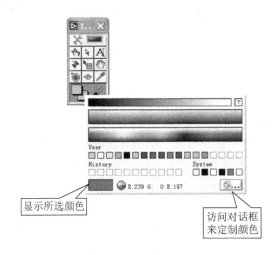

图 1-21 颜色对话框

一些对象可以分别设置其前景色和背景色，如旋钮的前景色是主动拨盘的颜色，而背景色是凸起边缘的基础色。如果颜色对话框中没有所需要的颜色，可以单击颜色对话框右下角图标来自定义颜色，如图 1-22 所示。

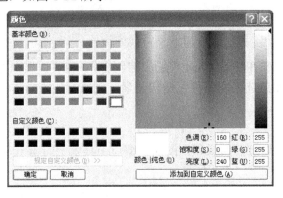

图 1-22 颜色定制对话框

2．VI 的运行和调试

LabVIEW 的编程环境提供了有效的调试方法，同时提供了许多与优秀的交互式调试环境相关的特性，可与图形编程完美地结合。除传统的编程语言支持的单步运行、断点和探针等以外，还增加了实时显示的数据流的手段，从而使 VI 调试更容易。用户可以观察 VI 执行时的程序代码。

1) 单步执行

(1) 单步(入)执行。该操作按照节点顺序单步执行，遇到循环或者子程序跳入内部继续执行，其在工具条上的图标为 ⊾。

(2) 单步跳执行。该操作按照节点顺序单步执行，遇到循环或者子程序不跳入内部，而将其作为一个整体节点执行，其在工具条上的图标为 ![icon]。

(3) 单步(出)执行。执行该操作可以跳出单步执行状态，其在工具条上的图标为 ![icon]。

2) 找出错误

如果一个 VI 程序存在语法错误，则在面板工具条上的运行按钮会变成一个折断的箭头，表示程序不能被执行，这时该按钮被称作错误列表。单击此按钮，则 LabVIEW 弹出错误列表窗口，点击其中任何一个所列出的错误，选用 Show Error 功能，则出错的对象或端口就会变成高亮，如图 1-23 所示。

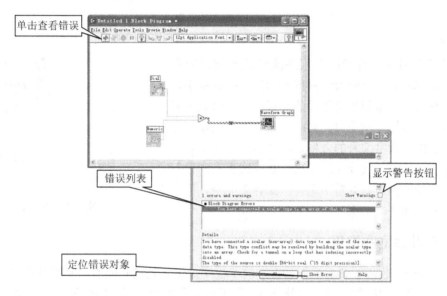

图 1-23 定位程序错误

3) 设置执行程序高亮

在 LabVIEW 的工具条中单击按钮 ![icon]，该按钮叫做"高亮执行"。再点击运行按钮，VI 程序就以明显较低的速度运行，没有被执行的代码灰色显示，执行后的代码高亮显示，并显示数据流线上的数据值。这样，用户就可以根据数据的流动状态跟踪程序的执行。

4) 断点

为了查找程序中的逻辑错误，希望框图程序一个节点一个节点地执行。使用断点工具可以在程序的某一地点终止程序执行。使用断点工具时，将鼠标切换到 Tools 工具模板中的断点工具(见图 1-24)，点击希望设置或者清除断点的地方，如图 1-25 左图所示。断点的显示对于节点或者图框表示为红框，对于连线表示为红点。当 VI 程序运行到断点被设置处时，程序被暂停在将要执行的节点，以闪烁表示。按下单步执行按钮，闪烁的节点被执行，下一个将要执行的节点变为闪烁，指示它将被执行。也可以点击暂停按钮，这样程序将连续执行直到下一个断点，如图 1-25 右图所示。

图 1-24 工具模板

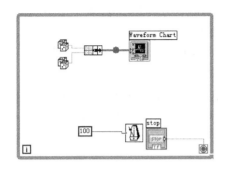 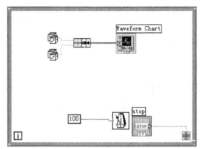

图 1-25　断点的设置

5) 探针

探针工具用来查看当框图程序流经某一连线时的数据值，在 Tools 工具模板中将鼠标切换到探针状态，再用鼠标左键点击希望放置探针的连接线，这时显示器上会出现一个探针显示窗口，同时，探针处会出现一个黄色的内含探针数字编号的方框，如图 1-26 所示。在框图程序中使用选择工具或连线工具，在连线上点击鼠标右键，在连线的弹出式菜单中选择"探针"命令，同样可以为该连线加上一个探针。

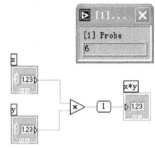

图 1-26　探针的添加

1.6.3　子 VI 建立和调用

子 VI(SubVI)相当于普通编程语言中的子程序，也就是被其他的 VI 调用的 VI。子 VI 是层次化、模块化 VI 的关键，它能使 VI 易于调试和维护。可以将任何一个定义了图标和连接器的 VI 作为另一个 VI 的子程序。

在框图程序中打开 Functions→Select a VI…，就可以选择要调用的子 VI。构造一个子 VI 主要的工作就是定义它的图标和连接器。

1. 图标

每个 VI 在前面板和框图程序窗口的右上角都显示了一个默认的图标。启动图标编辑器的方法是，用鼠标右键单击面板窗口右上角的默认图标，在弹出菜单中选择 Edit Icon，如图 1-27 所示。

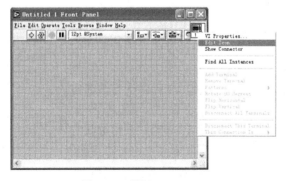

图 1-27　激活 Icon Editor

图 1-28 所示是图标编辑器的窗口。可以用窗口左边的各种工具设计图标编辑区中的图标形状。编辑区右侧的一列方框显示了实际大小的图标。Icon Editor 选项板中工具的功能如表 1.7 所示。

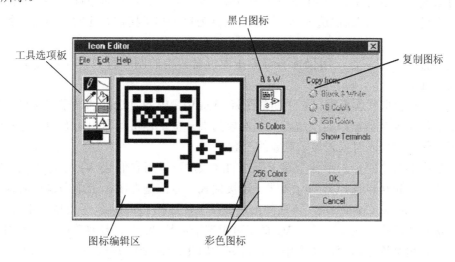

图 1-28　图标编辑器窗口

表 1.7　图标编辑工具介绍

序号	图标	功　　能
1		一个像素接着一个像素地绘制和擦除，按住 Shift 键可以画水平和竖直的直线
2		绘制直线，按住 Shift 键可以画水平、竖直和对角的直线
3		从前景像素选取前景色，完成后自动切换回前一工具
4		用前景色填充封闭区域
5		用前景色绘制矩形框，双击该工具，可以用前景色给图标加边框
6		用前景色绘制矩形框并用背景色填充，双击该工具，可以用前景色给图标加边框并用背景色填充
7		选取图标区域，用于复制、删除、移动或执行其他操作。双击选中整个图标
8		在图标中输入文本。双击该图标可以选择不同的字体
9		显示当前前景色和背景色。分别单击前景色和背景色进入颜色选择器，可以在其中更改颜色

2. 连接器

连接器是与 VI 控件和指示器对应的一组端子，是 VI 数据的输入/输出接口。如果用面板控制对象或者显示对象从子 VI 中输出或者输入数据，那么这些对象都需要在连接器面板中有一个连线端子。可以通过选择 VI 的端子数并为每个端子指定对应的前面板对象以定义连接器。

定义连接器的方法是，用鼠标右键单击面板窗口中的图标窗口，在快捷菜单中选择 Show Connector。

连接器图标会取代面板窗口右上角的图标。LabVIEW 自动选择的端子连接模式是控制对象的端子位于连接器窗口的左边，显示对象的端子位于连接器窗口的右边。选择的端子数取决于前面板中控制对象和显示对象的个数。

连接器中的各个矩形表示各个端子所在的区域，可以用它们从 VI 中输入或者输出数据。如果必要，也可以选择另外一种端子连接模式。方法是在图标上单击鼠标右键弹出快捷菜单，选择 Show Connector，再次弹出快捷菜单，选择 Patterns。子菜单中定义了 36 种不同的连接器的模式。应该注意子 VI 最多可用端子数是 28 个。若要改变连接器端子的空间排列方式，可从连接器窗口菜单中选择命令，如 Rotate 90 Degrees（旋转 90 度）、Flip Horizontal(水平翻转)、Flip Vertical(竖直翻转)等，如图 1-29 所示。

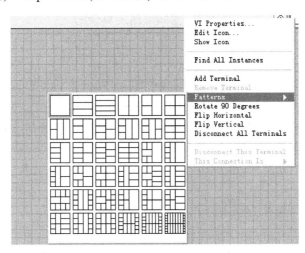

图 1-29　Patterns 中端子模板

3. 给控件和指示器定义端子

使用连线工具为前面板控件和指示器指定连接端子，步骤如下：

(1) 用连线工具单击连接器端子，端子变为黑色。

(2) 在前面板上，单击要指定给所选端子的控件或指示器，虚线选取框将框住控件或指示器。

(3) 在前面板空白区单击，选取框消失，所选端子将呈现连接对象的数据颜色，表示该端子已经指定。

(4) 对要连接的每个控件和指示器重复(1)～(3)步。

【例 1.2】　将例题 1.1 创建的 VI 改造为可调用的子 VI。

第一步：编辑图标。

双击右上角的图标连接器，进入 Icon Editor 清除原背景，选择 256 Colors，选中文本工具在图标编辑区写要写的文字。

选中 16 Colours 的按钮，单击 Copy from，再选择 256 Colors，自动建立 16 色图标，用同样方法编辑黑白图标，如图 1-30 所示。

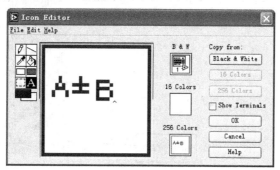

图 1-30　图标编辑窗口

第二步：建立连接器。

在前面板图标窗口中，选择 Show Connector 打开连接器图标(见图 1-31)，查看输入和输出端口与要设定的是否一致，若不一致可进行增减。

把鼠标切换到连线状态并指向要连接的控件 A 上，将移动指针移动到连接器相应的端口单击，连接器端口变为橙色，表明设置成功。用同样方法定义其他控件，保存程序(见图 1-32)。

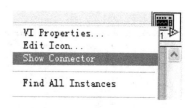

图 1-31　显示连接器的方法

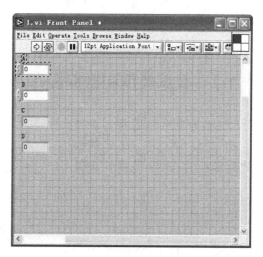

图 1-32　建立连接器

第三步：调用子 VI。

在一个新的 VI 程序中如果要调用前面建立的子程序，可在框图面板上选择 Functions→All Functions→Select a VI(见图 1-33)，找到存放程序的路径，如图 1-34 所示。

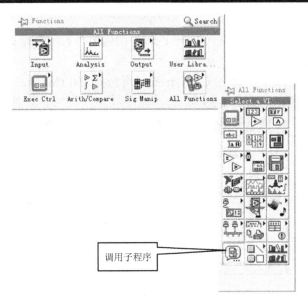

图 1-33 子 VI 的调用方法

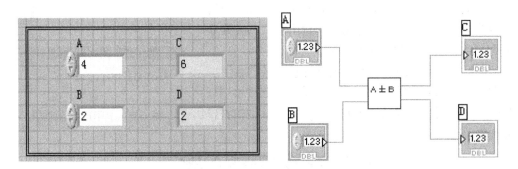

图 1-34 调用子 VI 的程序

1.7 数据类型和数据操作

LabVIEW 几乎支持所有的数据类型。数据可以是整型或各种精度的浮点型、布尔型、字符串。基本的数据类型是使用 LabVIEW 进行编程的基础,也是构成复合数据类型的基础。

1.7.1 数值型

数值型是一种基本的数据类型,在 LabVIEW 中分类比较详细,具体见表 1.8 及图 1-35。通常情况下,数据类型隐含在控制、常量和指示之中。前面板中数值类型的对象在 Controls→All Control→Numeric 和 Controls →Numeric Controls 中,如图 1-36 所示。

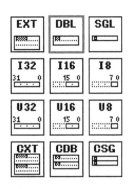

图 1-35 LabVIEW 中的数据类型

表 1.8 LabVIEW 数据类型表

图标名称	数值数据类型	存储位数	数值范围
U8	无符号 8 位整型	8	0~255
U16	无符号 16 位整型	16	0~65 535
U32	无符号 32 位整型	32	0~4 294 967 295
I8	有符号 8 位整型	8	−128~127
I16	有符号 16 位整型	16	−32 768~32 767
I32	有符号 32 位整型	32	−2 147 483 648~2 147 483 647
SGL	单精度浮点型	32	−Inf~Inf
DBL	双精度浮点型	64	−Inf~Inf
EXT	扩展型	128	−Inf~Inf
CSG	单精度复数	64	无
CDB	双精度复数	128	无
CXT	扩展型复数	256	无

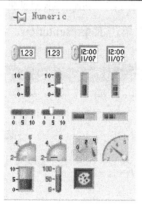

(a) Numeric

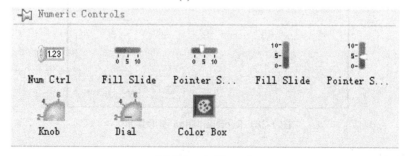

(b) Numeric Controls

图 1-36 前面板中的 Numeric 子模板

这两个模板中，Numeric 为完整的列表，Numeric Controls 为常用的数值控制器模板，包含不同的控制和指示，尽管外观各异，但本质相同。

若要改变某节点的数据类型，如以 Controls→All Control→Numeric 中的节点 Meter 为例，可在图标处点击右键，选择 Properties，出现窗口如图 1-37 所示。

图 1-37 Properties 对话框

切换到 Data Range 属性页面中单击 Representation，出现图形菜单，就可以切换数据类型，如图 1-38 所示。

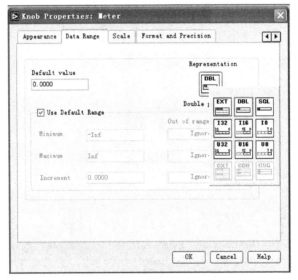

图 1-38 Representation 图形菜单

1.7.2 布尔型

布尔数据类型只有 True 和 False 两个值。如图 1-39(a)所示，Controls→Buttons & Switches

子模板上的控件被添加到前面板上时都默认为是布尔类型的控制器，Controls→LEDs 子模板上的控件被添加到前面板上时默认为布尔类型的指示器。所有布尔控制器和指示器位于 Controls→All Controls→Boolean 子模板上，如图 1-39(b)所示。

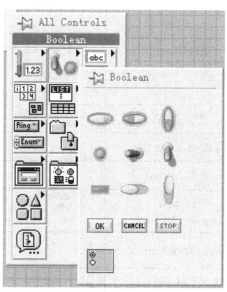

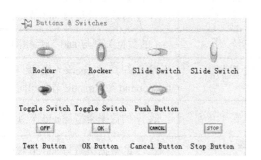

(a) Buttons & Switches 子模板　　　　(b) Boolean 子模板

图 1-39　布尔数据类型

布尔运算相当于传统编程语言中的逻辑运算。传统编程语言使用逻辑运算符将关系表达式或逻辑量连接起来，形成逻辑表达式，逻辑运算符包括 and、or、not 等。在 LabVIEW 中这些逻辑运算符是以图标形式出现的。布尔运算节点位于 Functions→All Functions→Boolean 子模板中，如图 1-40 所示。

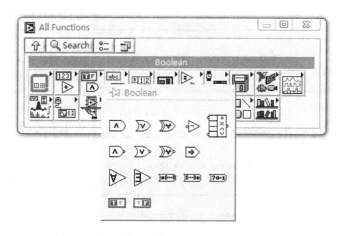

图 1-40　Boolean 子模板

布尔运算节点的图标与集成电路常用逻辑符号一致，可以使用户很方便地使用这些节点，这些节点的用法如表 1.9 所示。

表 1.9　布尔运算节点用法表

节点名称	图标及端口	使用说明
逻辑与(Add)	x.and.y?	x、y 的数据类型可以是布尔型、整型、元素为布尔型或整型的数组及簇。当 x、y 为整型时，节点将其转化为相应的二进制数，然后将这两个二进制数的每一位相与，最后的输出结果为相与后的十进制数
逻辑或(Or)	x.or.y?	x、y 的数据类型与 and 节点相同
异或(Exclusive Or)	x.xor.y?	x、y 的数据类型与 and 节点相同
逻辑非(Not)	.not.x?	x 的数据类型与 and 节点相同
复合运算(Compound Arithmetic)	value0, value1, value n-1, sum, product, AND or OR of values	用法与 Numeric 模板中的 Compound Arithmetic 节点相同
与非(Not And)	.not.(x.and.y)?	x、y 的数据类型与 and 节点相同
同或(Not Exclusive Or)	.not.(x.xor.y)?	x、y 的数据类型与 and 节点相同
蕴含(Implies)	x.implies.y?	x=F，y=F =>T x=T，y=F =>F x=F，y=T =>T x=T，y=T =>T x、y 的数据类型与 and 节点相同
数组与(And Array Elements)	Boolean array → logical AND	当输入数组中的所有元素均为 True 时，节点的输出为 True，否则为 False；输入可以是任意维数组
数组或(Or Array Elements)	Boolean array → logical OR	当输入数组中的所有元素均为 False 时，节点的输出为 False，否则为 True；输入可以为任意维数组
数字转换为布尔数组(Number To Boolean Array)	number → Boolean array	用法与 Numeric 模板中的 Number To Boolean Array 节点相同
布尔数组转换为数字(Boolean Array To Number)	Boolean array → number	用法与 Numeric 模板中的 Boolean Array To Number 节点相同
布尔值转换为 0 或 1 (Boolean To (0，1))	Boolean → 0, 1	用法与 Numeric 模板中的 Boolean To (0，1)节点相同
布尔常数(Boolean Constant)	F	其默认值为 False，在编辑状态下，用操作工具单击节点图标可改变布尔常数的值

1.7.3 数学运算

数学运算是编程语言中的基本运算之一，LabVIEW 中的数学运算主要由 Functions→All Functions→Numeric 子模板中的节点完成，如图 1-41 所示。Numeric 子模板由数字常量、基本运算节点、类型转换节点、三角函数节点、对数节点、复数节点、附加数字常数节点和三个 Express 节点组成。这里叙述类型转换节点的用法，其他节点在使用时可参考 Context Help 窗口或其他帮助资料。

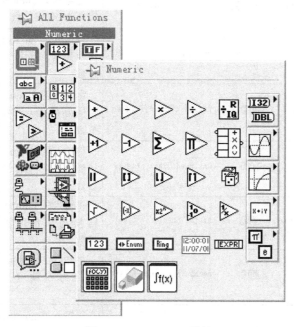

图 1-41 Numeric 子模板

利用类型转换节点在不同的数据类型之间进行转换，所有的类型转换节点位于 Conversion 子模板中，如图 1-42 所示，各节点的用法如表 1.10 所示。

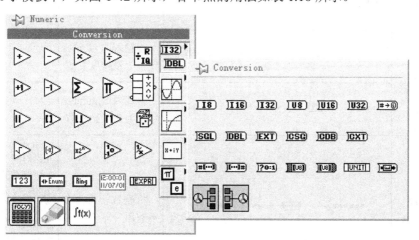

图 1-42 Conversion 子模板

表 1.10　类型转换节点用法表

节点名称	图标及端口	功　能	备　注
To Byte Integer	number ──[I8]── 8bit integer	将输入的 number 转换为 8 位整数	范围：-128～127
To Word Integer	number ──[I16]── 16bit integer	将输入的 number 转换为 16 位整数	范围：-32 768～32767
To Long Integer	number ──[I32]── 32bit integer	将输入的 number 转换为 32 位整数	范围：$-2^{31} \sim 2^{31}-1$
To Unsigned Byte Integer	number ──[U8]── unsigned 8bit integer	将输入的 number 转换为 8 位无符号整数	范围：0～255
To Unsigned Word Integer	number ──[U16]── unsigned 16bit integer	将输入的 number 转换为 16 位无符号整数	范围：0～65535
To Unsigned Long Integer	number ──[U32]── unsigned 32bit integer	将输入的 number 转换为 32 位无符号整数	范围：$0 \sim 2^{31}-1$
To Single Precision Float	number ──[SGL]── single precision float	将输入的 number 转换为单精度浮点数	
To Double Precision Float	number ──[DBL]── double precision float	将输入的 number 转换为双精度浮点数	
To Extended Precision Float	number ──[EXT]── extended precision float	将输入的 number 转换为扩展型浮点数	
To Single Precision Complex	number ──[CSG]── single precision complex	将输入的 number 转换为单精度复数	
To Double Precision Complex	number ──[CDB]── double precision complex	将输入的 number 转换为双精度复数	
To Extended Precision Complex	number ──[CXT]── extended precision complex	将输入的 number 转换为扩展型复数	
Number To Boolean Array	number ──[#[…]]── Boolean array	将整数转换为布尔数组	布尔数组的每一个元素对应 number 相应二进制数的每一位。数组的长度为 8、16 或 32。当输入的 number 为浮点数时，节点先将其转换为 32 位无符号整数，将该整数转换为布尔数组

续表

节点名称	图标及端口	功 能	备 注
Boolean Array To Number	Boolean array —— number	将布尔数组转换为32位无符号整数	
Boolean To (0, 1)	Boolean —— 0, 1	将布尔值转换为16位整数0或1	输入为False时, 输出为0; 输入为Ture时, 输出为1
String To Byte Array	string —— unsigned byte array	将字符串转换为8位无符号整数数组	每一个字符对应数组中的一个元素。输出的数字是字符在ASCII表中的编号
Byte Array To String	unsigned byte array —— string	将8位无符号整数数组转换为字符串	整数与字符的对应关系同上
Convert Unit	x —— m/s —— y	将一个物理数字(一个数字加一个单位)转换为一个纯数字(不带单位的数字); 或将一个纯数字转换为一个物理数字	在节点图标的右键弹出菜单中选择Unit..., 在弹出的对话框中可以设定输入输出的单位
Cast Unit Bases	unit (none) x —— x	转换基础单位	将与输入x相关联的基础单位转换为由unit(none)端口输入的基础单位, 比如, 将与x相关联的长度单位转换为时间单位

1.8 Express VI

自LabVIEW7开始, LabVIEW提供了Express技术, 用以快捷、简便地搭建专业的测试系统。在此之后的版本中, Express技术得到了不断的加强。它将各种基本函数进一步打包为更加智能、功能更加丰富的函数, 并对其中某些函数提供配置对话框, 通过配置框可以对函数进行详细的配置。因此, 通过Express VI可以用很少的步骤实现功能完善的测试系统。对于复杂的系统, 利用Express VI也能起到极大的简化作用。

1.8.1 初识 Express VI

在 1.4 节中已经提到功能模板第一层的前七个模板是 Express 子模板。下面以一个滤波器为例来初步感受 Express VI 的用法。

1. 产生仿真信号

将 Functions→Input→Simulate Signal VI 函数放置在程序框图上，在放置的同时会弹出如图 1-43 所示的对话框，用于对仿真信号进行配置。设置正弦信号的频率为 100 Hz，同时加上高斯白噪声。

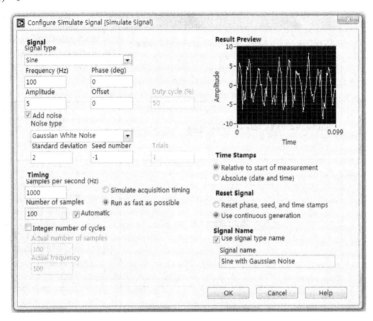

图 1-43　仿真信号对话框

2. 放置滤波器

将 Functions→Signal Analysis→Filter 函数放置在程序框图上，同时出现类似图 1-43 所示的滤波器配置对话框，可以选择滤波器的类型以及一些滤波器参数，这里设置为低通滤波器。

3. 创建波形显示图

将以上两个 VI 放置后，将仿真信号的输出与滤波器的输入连接。右击仿真信号的输出端，选择 Create→Graph Indicator 创建波形显示图。类似地，在滤波器的输出端也创建一个波形显示图。

4. 加上程序控制结构

用 Functions→Execution Control→While Loop 将程序围住，这里注意到与普通的 While 循环有所不同，它会自动给 While 循环添加一个 Stop 按钮，简化了编程步骤。接着再放置一个时延器 Time Delay 在 While 循环中用以降低 CPU 的利用率。

这样，我们在较短的时间完成了信号滤波器的搭建，前面板和程序框图如图 1-44 所示。

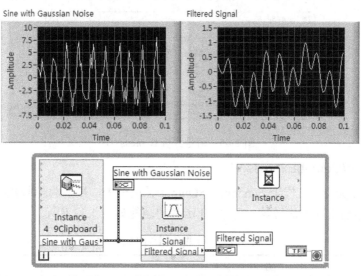

图 1-44 利用 Express VI 搭建的信号滤波器

1.8.2 Express VI 简介

1. 信号输入(Input)Express VI

信号输入 Express VI 位于 Functions→Input 子模板中，主要用来从仪器采集信号或产生仿真信号。通过这些函数，信号可以来源于仪器，也可以来源于文件或由计算机仿真产生。各个 VI 函数的功能如表 1.11 所示。

表 1.11 Input Express VI

名 称	图 标	说 明
Instrument I/O Assistant		利用它可以打开仪器 I/O 助手，通过配置可以实现与仪器通信。例如串口、以太网或者 GPIB 接口
Instrument Drivers		专用仪器驱动，用来与专用仪器通信。用户也可以添加自定义驱动
Simulate Signal		可以产生各种波形信号，并可以叠加各种噪声信号
Simulate Arbitrary Signal		通过输入数据产生用户自定义的信号，数据可以来源于文件
Read LabVIEW Measurement File		从 LabVIEW 测试数据文件(.lvm 或.tdm)中读取数据信号
Prompt User for Input		探出一个标准的对话框，用来提示用户输入各种信息，例如当前用户、密码或身份等

2. 信号分析(Signal Analysis)Express VI

信号分析 Express VI 位于 Functions→Signal Analysis 子模板中，如图 1-45 所示。该模板包含了最常用的信号分析函数，如谱测量、失真度测量、曲线拟合、滤波器和直方图等。

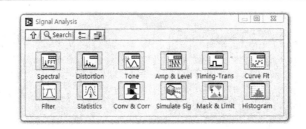

图 1-45　信号分析 Express VI

3．信号输出(Output)Express VI

信号输出 Express VI 位于 Functions→Output 子模板中，用于将信号数据存入文件、产生报表或向仪器输出真实信号等。各个 VI 函数的功能如表 1.12 所示。

表 1.12　Output Express VI

名　称	图　标	说　明
Instrument I/O Assistant		利用它可以打开仪器 I/O 助手，通过配置可以实现与仪器通信。例如串口、以太网或者 GPIB 接口
Instrument Drivers		专用仪器驱动，用来与专用仪器通信。用户也可以添加自定义驱动
Build Text		把输入的字符串连接起来。如果输入的不是字符串，则根据配置把输入转换为字符串格式
Display Message to User		向用户显示一个包含提示信息的标准对话框
Write LabVIEW Measurement File		将信号数据文件写入 LabVIEW 测试数据文件(.lvm 或.tdm)
Report		产生一个固定格式报表。包括：VI 文档、数据以及报表属性
NI DIAdem Report Wizard		利用 DIAdem 专用工具产生报表

4．执行控制 Express VI

执行控制 Express VI 位于 Functions→Execution Control 子模板中，包含了一些基本的程序结构及时间函数，包括 While 结构、平铺结构、Case 结构、时间延时和记录经过的时间，如图 1-46 所示。

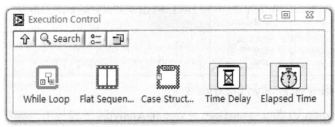

图 1-46　执行控制 Express VI

5. 算术与比较 Express VI

算术与比较 Express VI 位于 Functions→Arithmetic & Comparison 子模板中，包含一些基本的数学函数和比较操作符以及数字和字符串等。其中一些函数如表 1.13 所示。

表 1.13 Arithmetic & Comparison Express VI

名 称	图 标	说 明
Formula		通过科学计算器界面创建公式，可以实现大多数数学公式
Scaling and Mapping		按比例或映射来改变一个信号的幅值
Time Domain Math		对时域信号作数学操作

6. 信号操作 Express VI

信号操作 Express VI 位于 Functions→Signal Manipulation 子模板中，主要用于对信号数据进行各种操作，例如信号合并、类型转换、信号连接、抽样信号、触发信号和选择信号等，如表 1.14 所示。

表 1.14 Signal Manipulation Express VI

名 称	图 标	说 明
Select Signals		从输入的多个信号中选择所需的信号
Align and Resample		对信号作对齐和重新抽样的操作
Collector		收集输入信号，并且返回最近的若干个样本
Sample Compression		以某种方式对输入信号做抽样，以压缩样本数
Trigger and Gate		使用触发来得到信号的一部分
Relay		配置开关以控制信号的通断
Append Signals		把信号连接起来
Repack Values		接收输入信号，并输出指定长度的信号
Extract Portion of Signal		截取输入信号的一部分数据并返回
Delay Values		把上次循环产生的数据存储起来，并且在循环指定的次数之后把数据传送出来

习 题 1

1.1 在 LabVIEW 中，打开位于 Example\Apps\Freqresp.llb 下的 Frequency Response.vi。
(1) 运行该 VI 程序，观察前面板，结果如题 1.1 图所示。
(2) 改变前面板旋钮参数，观察运行结果。
(3) 切换到框图面板，设置为高亮状态，运行程序，观察数据流。

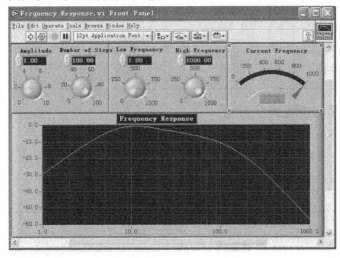

题 1.1 图　Frequency Response.vi 前面板

1.2 构建 VI，完成以下操作：
(1) 在前面板输入两个双精度浮点数：X 和 Y。
(2) 在前面板显示 X 加 Y 的运算结果。
(3) 用 X 除以 Y 并在前面板显示结果。
(4) 若 Y=0，前面板 LED 指示灯亮。

1.3 创建一个 VI 程序，该程序完成以下功能：
(1) 产生一个 0～10 的随机数并与 10 相乘。
(2) 通过 VI 子程序将积与 100 相加后开方。

1.4 创建 VI 程序实现将输入度数转换为 3 位精度弧度值。

1.5 先创建一个 VI，实现两个双精度浮点型数据大小比较，然后输出较大的数，并设置好该程序的图标和连接端口，将其作为子 VI，再重新建立一个新的 VI 实现对该子 VI 的调用。

第 2 章 程 序 结 构

LabVIEW 的编程核心是采用结构化数据流编程，这是区别于其他图形化编程开发环境的独特之处。本章将系统介绍 LabVIEW 提供的程序结构，包括 While Loop(While 循环)、For Loop(For 循环)、Shift Register(移位寄存器)、Case Structure(分支结构)、Sequence Structure(顺序结构)、Formula Node(公式节点)等。

2.1 循环结构

在 LabVIEW 中有 While 循环和 For 循环两种循环结构。二者的区别是：While 循环只要满足循环退出的条件则退出相应的循环，否则变成死循环；而 For 循环是预先确定循环次数，当循环体运行完指定的次数后自动退出循环。

2.1.1 While 循环

While 循环是 LabVIEW 最基本的结构之一。当不需要指定循环次数时，使用 While 循环。图 2-1(a)所示为 Functions→Execution Control 子模板，While 循环是第一个模块；图 2-1(b)所示为 Functions→All Functions→Structures 子模板，While 循环在第二行的第二个模块。二者的不同之处在于，Execution Control 子模板中的 While 循环的 Loop Condition 数据端子已经事先连接了布尔型变量，用于控制何时退出循环。

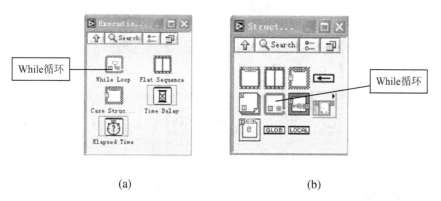

图 2-1 While 循环的位置

建立 While 循环的方法是，在函数模板中的 Structures 子模板中选择 While 循环对象，把鼠标移动到框图上，鼠标指针变成缩小的 While 循环的样子，按下左键拖拽出虚线框，松开鼠标左键后，While 循环放置完毕。

While 循环有两个固定的数据端子，分别是重复端子(Loop Iteration)和条件端子(Loop Condition)。重复端子表示当前循环的次数，初始值是 0。条件端子连接一个布尔型变量，指示循环退出或循环继续的条件。具体的循环继续的条件有两种，即 Stop if True 和 Continue if True，具体采用哪种方式可在条件端子上弹出的快捷菜单里指定，也可以使用操作工具在端子上单击鼠标，以切换两种不同的条件。条件不同，端子的图标也不同，默认的条件是 Stop if True。

While 循环和其他几种程序结构一样属于框图上的容器对象，在内部可以包含任意的图形化程序代码，而且此结构可以进行嵌套。

【例 2.1】 使用 While 循环每 0.5 秒显示一个随机数和循环次数，最后波形显示所有随机数序列。

VI 的前面板和程序框图如图 2-2 所示，While 循环条件端子与布尔开关对象相连，只要开关状态为"关"，程序重复执行，直到条件端子为"开"，停止循环。While 循环框内放置一个随机数对象和 Time Delay Express VI，每 0.5 秒循环一次，在前面板显示随机数和循环次数，最后利用 While 循环的自动索引功能将随机数序列通过波形显示出来，可以看到，波形的横坐标表示循环次数，当循环次数为 115 时，随机数加 1 是 1.38577。

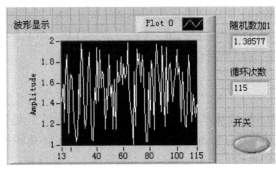

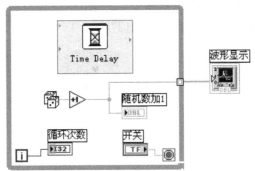

图 2-2 例 2.1 的前面板和程序框图

2.1.2 移位寄存器

为实现 While 循环和 For 循环的各种功能，LabVIEW 引入移位寄存器(Shift Register)的概念。使用移位寄存器可以在循环体的循环之间传递数据，其功能是将上一次循环的值传给下一次循环。

添加移位寄存器的方法是：在循环结构的左边或右边框上弹出快捷菜单，选择菜单项 Add Shift Register，可以添加一个移位寄存器，如图 2-3 所示。

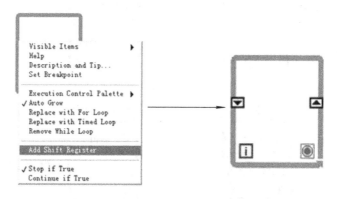

图 2-3　为 While 循环添加移位寄存器

新添加的移位寄存器由左、右两个端子组成，都是黑色边框、黄色底色，而且左、右端子分别有一个向下和向上的黑色箭头。此时，表明移位寄存器中没有接入任何数据。当接入某种数据后，移位寄存器的颜色会发生相应的变化，以反映接入数据的类型。移位寄存器可以存储的数据类型有数字、布尔值、字符串、数组、簇等，但是连接到同一个寄存器端子的数据必须是同一类型的。

可以创建多个左侧移位寄存器，但只能有一个右端子。添加左端子的方法是：用鼠标(定位工具状态)在左侧移位寄存器的最下边沿拖动，或在右键弹出快捷菜单中选择 Add Element，如图 2-4 所示，这样在多个左端子中保留前面多次循环的数据值。在左端子上，最近一次循环保留在右端子的数据进入最上面的端子，原来的数据依次向下存放，最下面段子中的数据被抛弃。

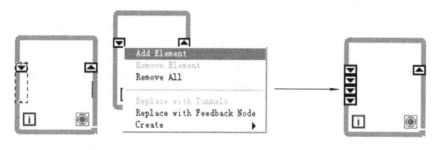

图 2-4　添加多个左侧移位寄存器

可以为移位寄存器的左端子指定初始化值，如果不明确指定初始值，可能会引起错误的程序逻辑，所以，一般情况下建议为左端子指定初始值。移位寄存器中数据的操作流程如图 2-5 所示。

在移位寄存器的端子弹出快捷菜单，选择 Remove Element 命令可以删除该寄存器端子，这种方法无论所要删除的左端子是否连有数据都可以。另外一种方法是使用定位工具拖拽整个左端子队列的最上沿(向下拖)或者最下沿(向上拖)。在拖的过程中，若遇到连接数据线的端子，则只能拖到此处。

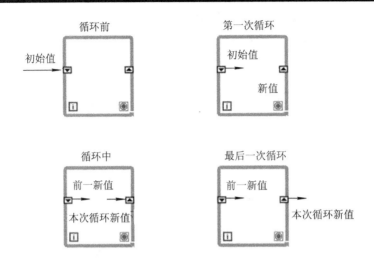

图 2-5 移位寄存器中数据的操作流程

值得注意的是,左侧移位寄存器除了初始化时可以输入数据外,其他情况只能输出数据,而右侧移位寄存器除了在循环结束时输出数据外,其他情况只能输入数据。

【例 2.2】 利用移位寄存器显示多个数据,理解数据在移位寄存器中的工作流程。

VI 的前面板和程序框图如图 2-6 所示,在 While 循环中使用移位寄存器访问前三次的循环值。N[i]表示循环次数,此值在下一次循环开始传给左端子。N[i−1]表示前一次循环的值,N[i−2]表示前两次循环的值,N[i−3]表示前三次循环的值。由于 While 循环重复端子的初始值为 0,步长为 1,因此前面板数字指示器按照逐渐递增的顺序依次显示。

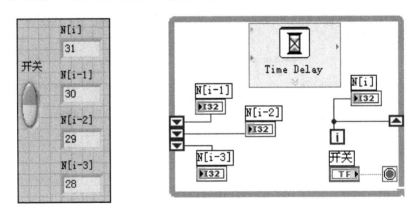

图 2-6 例 2.2 的前面板和程序框图

2.1.3 For 循环

For 循环位于 Functions→All Functions→Structures 子模板上,如图 2-7 所示。For 循环的创建方法与 While 循环类似。

For 循环有两个固定的数据端子,分别是计数端子(Loop Count)和重复端子(Loop Iteration),如图 2-8 所示。其中计数端子连接整型数值,指定循环次数;重复端子输出已经执行循环的次数,循环次数默认从"0"开始计数,依次增加"1"。

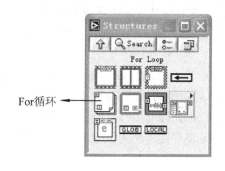
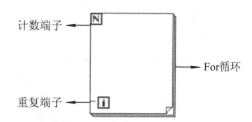

图 2-7 For 循环的位置　　　　　图 2-8 For 循环的计数端子和重复端子

【例 2.3】 利用 For 循环计算 100 个随机数的最大值。

VI 的前面板和程序框图如图 2-9 所示。随机发生的数和前面循环得到的最大值依次比较，循环 100 次，比较得到 0～1 之间的最大值。在前面板显示 100 个随机数形成的曲线图和最大值 0.99123。

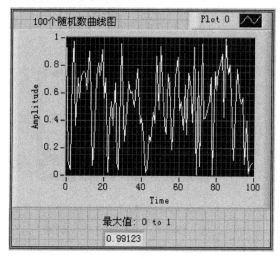

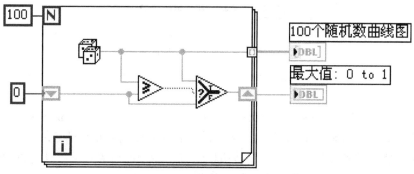

图 2-9 例 2.3 的前面板和程序框图

2.1.4 反馈节点

反馈节点(Feedback Node)用于将子 VI、函数或一组子 VI 和函数的输出连接到同一个子

VI、函数或组的输入上,即创建反馈路径。反馈节点只能用在 While 循环或 For 循环中,是为循环结构设置的一种传递数据的机制。反馈节点和只有一个左端子的移位寄存器的功能完全相同,是一种更简洁的表达方式。

移位寄存器和反馈节点之间的转换很容易。在移位寄存器的左或右端子上弹出快捷菜单,选择 Replace with Feedback Node,即可转变为同样功能的反馈节点;在反馈节点本身或者其初始化端子上弹出快捷菜单,选择 Replace with Shift Register,即可转变为同样功能的移位寄存器。如图 2-10 所示,先建立图(a),然后把移位寄存器转换为反馈节点就得到图(b)。

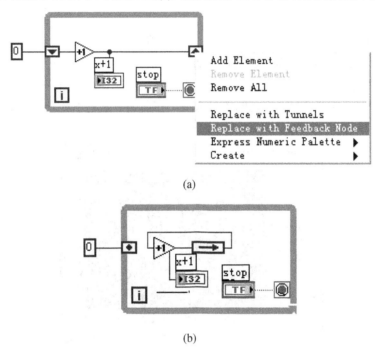

图 2-10 移位寄存器和反馈节点转换

2.2 分支结构

分支结构(Case Structure)是一种多分支程序控制结构,类似于文本编程语言中的 If...Then...Else 语句。分支结构包含多个子框图代码,这些子框图就像一叠卡片,一次只能看见一张。

分支结构位于 Functions→Execution Control 子模板和 Functions→All Functions→Structures 子模板上,如图 2-11 所示。与 For 循环和 While 循环结构的使用一样,通过拖拽 Case 结构图标将其放置在框图上,并使其边框包围所希望的对象;也可以先将 Case 结构放置在框图上,然后根据需要调整大小并将对象放到结构内部。

分支结构左边框图上有一个输入端子,中心显示问号,称做选择器端子(Selector Terminal);上边框是分支选择器标签(Case Selector Label)。选择器端子的数据类型可以是布尔型、字符串型、整型或枚举型。默认的选择器端子为布尔类型,即 LabVIEW 自动生成两个子框图,标签分别为 True 和 False,如图 2-12 所示。

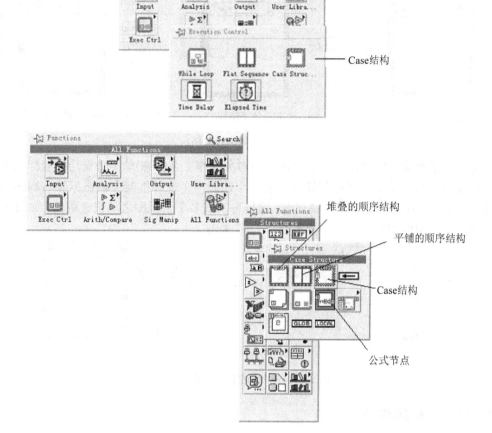

图 2-11 分支结构的位置

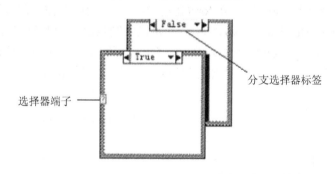

图 2-12 分支结构的组成及默认状态

当选择端子为数字整型时,分支选择器标签的值为整数 0,1,2,…;当选择端子为字符串型或枚举类型时,分支选择器标签的值为由双引号括起来的字符串。选择框架的个数根据实际需要确定,如图 2-13 所示。

注意,在使用选择结构时,控制端子的数据类型必须与分支选择器标签中的数据类型一致。二者如果不匹配,LabVIEW 会报错,同时,分支选择器标签中的字体颜色变为红色。

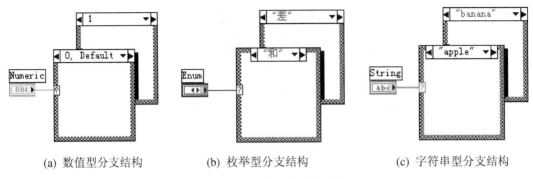

(a) 数值型分支结构   (b) 枚举型分支结构   (c) 字符串型分支结构

图 2-13 不同类型的分支结构

分支结构子框图是堆叠在一起的，用鼠标(对象操作工具状态)单击分支选择器标签递增或递减按钮可以将当前的选择框架切换到前一个或后一个选择框架；单击标签右端的向下黑色箭头，弹出所有已经定义的标签列表，这样可以在多个子框图之间快速跳转。如图 2-14 所示，当前显示的框图分支对应的标签前有"√"标记。

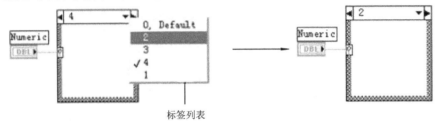

图 2-14 多个子框图之间切换

2.2.1 添加、删除和排序分支

在分支结构边框上弹出的快捷菜单为用户提供很多选项，如图 2-15 所示。选择 Add Case After(在后面添加分支)或 Add Case Before(在前面添加分支)可以在当前显示的分支的后面或前面添加分支；选择 Duplicate Case(副本分支)可以复制当前显示的分支；选择 Delete Case 可以删除当前显示的分支；选择 Remove Empty Cases 可删除所有不包含代码的空分支。当添加或删除 Case 结构中的分支时，框图标识符自动更新以反映出插入或删除的子框图。

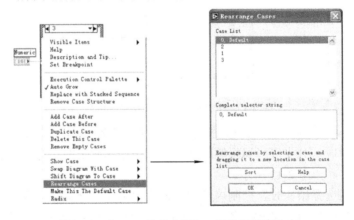

图 2-15 在 Case 结构中添加、删除和排序分支

我们习惯看到分支的顺序是从小到大依次排列,但有时会出现 2、5、3、4、1 的排列,这样,我们可以重新排序。重新排序后,框图结构的分支显示不会影响 Case 结构的运行结构,仅仅是编程上的习惯。在弹出的快捷菜单中选择 Rearrange Cases(重排分支),弹出图 2-15 所示的对话框。为了改变选择器的位置,单击要移动的选择器值(当选中时该值加亮)并将其拖拽到列表中所希望的位置。Sort 按钮将以第一个选择器值为基准对分支选择器值进行排序。

在 LabVIEW 的分支结构中,如果结构不能遍历所有可能的条件或情况,就必须设置一个默认的情况用来处理超出条件选项范围的情况。设置默认 Case 分支的方法是:当显示默认子 Case 框图时,在分支结构边框上弹出快捷菜单中选择 Make This Default Case 项。对于用户定义的默认分支,将在 Case 结构顶部的选择器标签中显示 "Default" 字样。

2.2.2 输入和输出数据

向 Case 结构内引入连线,或从 Case 结构向外引出连线时,会在边框上生成隧道。输入隧道的数据对所有分支都可以使用。分支不一定要使用输入数据或提供输出数据,但如果任何一个分支提供了输出数据,则所有的分支也必须提供输出数据,否则会导致代码错误,程序无法运行。此时,输出隧道的图标是空心的,表示部分分支中没有接入输入值。只有每个分支的输出隧道都连接数据后,图标才变成实心,程序才能正常运行。

如果不想为每个分支都明确指定输出隧道的输入值,可以让 LabVIEW 为没有接入隧道输入值的分支接入隧道的默认数据类型,方法是在输出隧道上右键弹出快捷菜单,选择 Use Default If Unwired, 如图 2-16 所示。

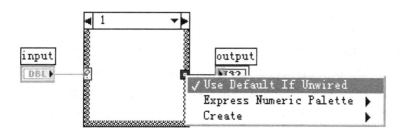

图 2-16 在输出隧道没有接入数据的分支采用默认值

【例 2.4】 求一个数的平方根,若该数大于或等于 0,则计算其平方根,并输出结果;若该数小于 0,则让系统产生蜂鸣。

本例中使用布尔型 Case 结构,由前面板数字控制器输入数字,若该数大于或等于 0,则由数字显示器显示该数的平方根,否则发出蜂鸣声。

VI 的前面板和程序框图如图 2-17 所示。VI 执行 TRUE 分支或 FALSE 分支,当输入的数据大于或等于 0 时,VI 执行 TRUE 分支并将计算结果显示到前面板;当输入的数据小于 0 时,系统发出蜂鸣声。从图上看到输入 "–5",输出的是 "0",这是因为对于 FALSE 分支的输出端选择了 Use Default If Unwire。另外,Beep.vi 在 vi.lib\platform\system.lib 库中。

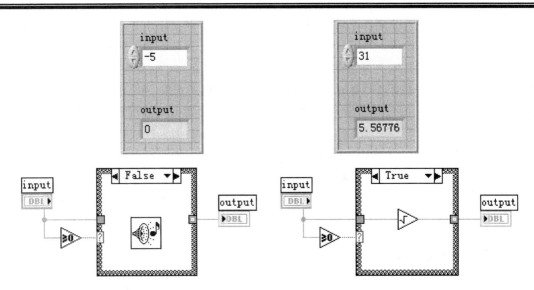

图 2-17 例 2.4 的前面板和程序框图

2.3 顺 序 结 构

顺序结构(Sequence Structure)顺序地执行每个子框架,包括堆叠的顺序结构(Stacked Sequence Structure)和平铺的顺序结构(Flat Sequence Structure)两类顺序结构。平铺的顺序结构位于 Functions→Execution Control 子模板上。两种顺序结构都能从 Functions→All Functions→Structures 子模板上找到,见图 2-11。

2.3.1 堆叠的顺序结构

堆叠的顺序结构的表现形式与 Case 结构很相似,都是在框图窗口的同一位置堆叠多个子框架。刚创建的顺序结构是单框架顺序结构(见图 2-18),只能执行一步操作,起不到控制多个代码段顺序执行的作用。因为顺序结构执行的过程好像逐帧放电影一样,所以 LabVIEW 中顺序结构的每个子框架都称为一个帧(frame)。顺序结构的帧与其他程序结构相似,都是程序代码的容器。

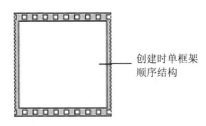

图 2-18 刚创建时的堆叠的顺序结构

在大多数情况下,用户需要按顺序执行多步操作,因此需要在单框架的基础上创建多框架顺序结构。方法是:在顺序结构边框上弹出快捷菜单中选择 Add Frame After 或 Add Frame Before,在当前帧的后面或前面添加一个空白帧,如图 2-19 所示。另外,Add Sequence

Local 选项为顺序结构添加局部变量(关于局部变量见第 8 章); Remove Sequence 移除顺序结构，同时保留当前帧代码; Duplicate Frame 是对当前帧进行复制，并把复制的结果作为新的一帧放到当前帧的后面; Delete This Frame 是删除当前帧，只有一帧的时候此项不能用，如图 2-19(a)所示，只有一帧时，Delete This Frame 为不可选项。

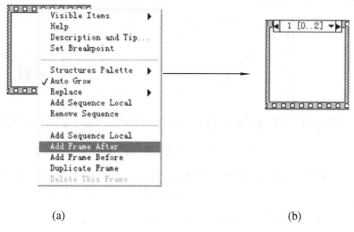

(a)　　　　　　　　　　　　　　　(b)

图 2-19　添加多个帧

最基本的顺序结构由顺序框架和选择器标签组成，如图 2-19(b)所示，选择器标签的内容是 1[0..2]，表示该顺序结构含有第 0 到第 2 帧共 3 帧，并且第 1 帧是当前帧。选择器标签左右的两个箭头分别为减量按钮和增量按钮，用于浏览全部帧。单击向下黑色箭头打开帧列表，可以实现多个帧之间的切换。程序运行时，顺序结构是按照选择器标签中 0、1、2、…的顺序依次执行框架中的代码。

2.3.2　平铺的顺序结构

平铺的顺序结构的功能和用法与堆叠的顺序结构基本相同，区别是表现形式不同。最初建立的平铺顺序结构也只有一帧，通过添加帧后的形式如图 2-20 所示。新添加的帧宽度比较小，拖拽边框可以改变其大小。

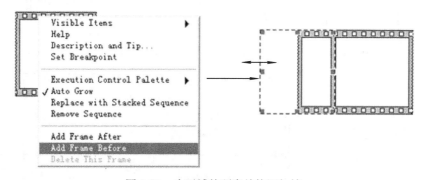

图 2-20　为平铺的顺序结构添加帧

平铺的顺序结构把按照顺序执行的帧从左到右依次铺开，占用的空间比较大，而堆叠的顺序结构在一个帧的空间放置多个帧的代码，节省框图窗口空间。之所以引入平铺的顺序结构，是因为在帧数不多的情况下，将各个帧平铺开来比较直观，方便阅读代码。

平铺的顺序结构和堆叠的顺序结构的另一个区别是不能添加局部变量，可以从前一帧直接连线到后一帧来传递数据，不需要借助局部变量这种机制传递数据。在图 2-20 给出的堆叠的顺序结构边框上弹出快捷菜单，选择 Replace-Replace with Flat Sequence 可以转换为图 2-21 的平铺顺序结构，反之亦可。我们可以看到帧 1 的输出数据直接穿过帧壁传送到帧 2，帧 2 的计算结果通过帧壁传送给帧 3，不需要引入局部变量传送数据。

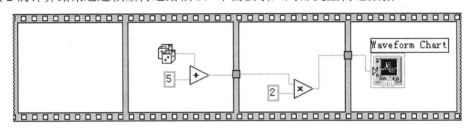

图 2-21 平铺顺序结构

【例 2.5】 将随机产生的数值与给定数值比较，计算当两数相等时所需的时间。

该例是顺序结构的典型应用。第一帧确定程序运行前的系统时间；第二帧运行程序；第三帧确定程序运行结束后的系统时间；最后两时间相减得到程序运行的时间。采用堆叠的顺序结构，VI 的前面板和程序框图如图 2-22 所示。

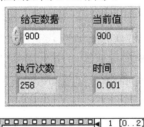

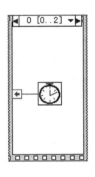 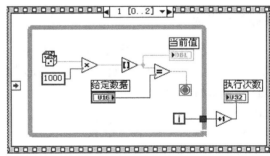

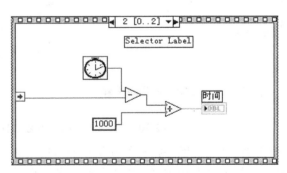

图 2-22 例 2.5 的前面板和程序框图

帧 0 和帧 2 中采用 Tick Count(ms)函数,该函数位于 Time & Dialog 子模版上,用于返回当前系统时间,以毫秒为单位。采用局部变量将程序运行前的时间传递给帧 2 与当前时间相减的差值就是随机数与给定数据相等时所花费的时间,结果除以 1000,将时间单位转换为微秒,在前面板显示。

【例 2.6】 利用平铺的顺序结构实现例 2.5 的功能。

框图程序如图 2-23 所示,平铺的顺序结构没有局部变量,需要向后续的帧传递数据时,只需要将数据直接连接到后续帧中即可。

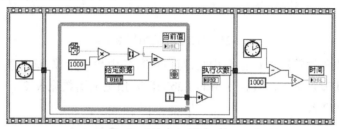

图 2-23 例 2.6 的框图程序

2.4 公式节点

一些复杂的算法如果完全依赖于图形代码实现,框图程序会十分复杂,工作量大,而且不直观,调试和改错也不方便。LabVIEW 提供了一种专门用于处理数学公式编辑的特殊结构形式,称为公式节点(Formula Node)。在框架内,可以直接输入数学公式或者方程式,并连接相应的输入、输出端口。

公式节点位于 Functions→All Functions→Structures 子模板上,见图 2-11。从节点边框上弹出快捷菜单中选择 Add Input 或 Add Output 创建输入变量和输出变量端口,并使用标签工具为每个变量命名,如图 2-24 所示。公式节点中使用的每一个变量必须是输入或输出之一,两个输入或输出不能具有相同的名字,但一个输出可以与一个输入有相同的名字。变量名有大小写之分,必须与公式中的变量匹配。输出变量的边框比输入变量宽一些,通过从快捷菜单中选择 Change to Output 或 Change to Input 可选择输出或输入,同时也可在公式节点的边框上添加多个变量。

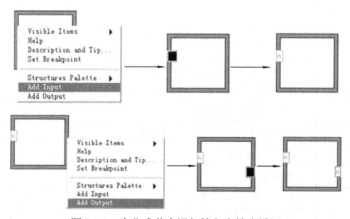

图 2-24 为公式节点添加输入和输出端口

输入公式时,每个公式一定要用分号结束;若有很多公式,可以从公式节点(不是边框)弹出快捷菜单中选择 Visible Items→Scrollbar 放置滚动条,如图 2-25 所示。

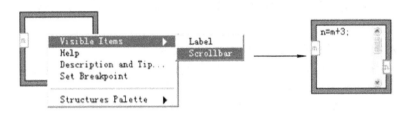

图 2-25 为公式节点放置滚动条

公式节点中代码的算法与 C 语言相同,可以进行各中数学运算。这种兼容性使 LabVIEW 功能更强大。公式节点中可以直接使用的 LabVIEW 预定义函数见表 2.1。公式节点中可以使用的操作符见表 2.2。

表 2.1 公式节点中可以使用的函数

函数名	说　明
abs(x)	绝对值函数
acos(x)	反余弦函数,x 的单位是弧度
acosh(x)	反双曲余弦函数,x 的单位是弧度
asin(x)	反正弦函数,x 的单位是弧度
asinh(x)	反双曲正弦函数,x 的单位是弧度
atan(x)	反正切函数,x 的单位是弧度
atanh(x)	反双曲正切函数,x 的单位是弧度
ceil(x)	返回大于 x 的最小整数
cos(x)	余弦函数,x 的单位是弧度
cosh(x)	双曲余弦函数,x 的单位是弧度
cot(x)	余切函数,x 的单位是弧度
csc(x)	余割函数,x 的单位是弧度
exp(x)	指数函数
expm1(x)	返回 exp(x)−1
floor(x)	返回小于 x 的最大整数
getexp(x)	将 x 表示为 x=mantissa*2^exponent,返回指数 exponent
getman(x)	将 x 表示为 x=mantissa*2^exponent,返回尾数 mantissa
int(x)	返回距 x 最近的整数
intrz(x)	返回 x 与 0 之间距 x 最近的整数
ln(x)	自然对数函数
lnp1(x)	返回 ln(x)+1
log(x)	对数函数,以 10 为底
log2(x)	对数函数,以 2 为底

续表

函数名	说　　明
max(x,y)	返回 x,y 中值大者
min(x,y)	返回 x,y 中值小者
mod(x,y)	求模运算，返回 x/y 商的整数值
pow(x,y)	返回 x 的 y 次方
rand()	产生(0，1)区间上的随机数
rem(x,y)	返回 x/y 的余数
sec(x)	正割函数
sign(x)	符号函数，如果 x>0，返回 1；如果 x=0，返回 0；如果 x<1，返回−1
sin(x)	正弦函数，x 的单位是弧度
sinc(x)	sinc(x)=sin(x)/x，x 的单位是弧度
sinh(x)	双曲正弦函数
sizeOfDim(ary,di)	返回数组 ary 的第 di 维的长度
sqrt(x)	求解 x 的平方根
tan(x)	正切函数
tanh(x)	双曲正切函数
Pi	π

表 2.2　公式节点中可以使用的操作符

操作符	功　　能
**	求幂
+ - ! ~ ++ --	正号、负号、逻辑非、位补码、算前/算后增量、算前/算后减量、++和--在 Express 节点中无效
* / %	乘、除、求模
+ -	加、减
>> <<	算术右移位、算术左移位
> < >= <=	大于、小于、大于等于、小于等于
!= ==	不等于、等于
&	位与
^	位异或
|	位或
&&	逻辑与
||	逻辑或
?:	条件选择
=op=	赋值、快捷操作和赋值 op 可以是+、−、*、/、>>、<<、&、^、|、%或** =op=在 Express 节点中无效

在公式节点中不能使用循环结构和复杂的选择结构,但可以使用条件运算符和表达式,即

<逻辑表达式>? <表达式 1>:<表达式 2>

例如:计算两数的比值,框图程序如图 2-26 所示。

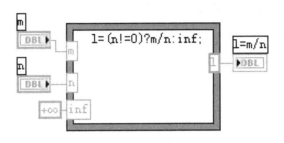

图 2-26 计算两数的比值

【例 2.7】 利用公式节点完成下面两个等式的运算,并将结果用曲线显示出来。
(1) $y1=2x^2+3x+1$, (2) $y2=a*x+b$, 其中,x 的取值为 0~20。

VI 的前面板和程序框图如图 2-27 所示。两个等式用一个公式节点完成,输入不同的 a 和 b,运行程序,图中显示的是当 a=2,b=3 时的运算结果。当 For 循环结束时,在循环框右边界积累了 y1 和 y2 两组值,经过 Build Array 到曲线显示。

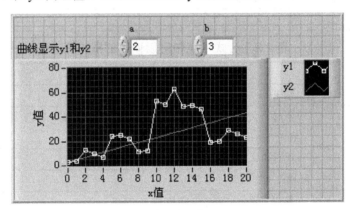

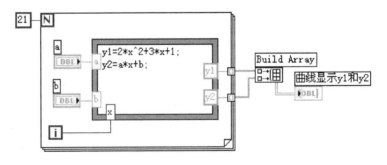

图 2-27 例 2.7 的前面板和程序框图

注意:在公式节点框架中出现的所有变量,必须有一个相对应的输入端口和输出端口,否则程序运行时会报错。

习 题 2

2.1 分别使用 For 循环和 While 循环实现 N!，要求 N 值可以改变，显示运行结果。

2.2 创建 VI，要求每秒钟产生一个 0～1 的随机数字。同时，计算并显示产生 3 个随机数的平均值。当每次随机数大于 0.8 时，LED 点亮。

2.3 使用公式节点实现 y=cos(x)，并将输出用图形显示。

2.4 用 Case 节点创建 VI，实现 X 与 Y 相除。若 Y=0，则输出∞并让系统产生蜂鸣声；若 Y≠0，则显示正确结果。

第 3 章 数组、簇和波形

数组、簇和波形是 LabVIEW 中三类比较复杂的数据类型。数组是一种由同一类型数据元素组成的大小可变的集合，与其他编程语言中的数组概念相同。簇是由混合类型数据元素组成的大小固定的集合，相当于 C 语言中的结构数据类型。波形数据是 LabVIEW 为数据采集和处理提供的一种专门的数据结构。灵活运用这三种数据类型可极大地提高编程效率，简化程序代码。

3.1 数　　组

数组是由同一类型数据元素组成的大小可变的集合。大多数数组是一维数组，少数是二维数组，极少数是三维或多维数组。LabVIEW 中除了不能有数组的数组、图表数组、图形数组外，可以创建数字类型、字符串类型、布尔类型以及其他任何数据类型的数组。数组通常用一个循环来创建，因为 For 循环的循环次数是预先指定的，所以在循环开始前已经分配好了内存。

3.1.1 数组的创建

在 LabVIEW 中，数组由数据类型、数据索引和数据 3 部分组成，数据类型隐含在数据中。如图 3-1 所示，索引位于左侧，数组元素位于右侧的数组框架中，用户通过索引显示可以很容易地访问到数组中的任何一个元素。

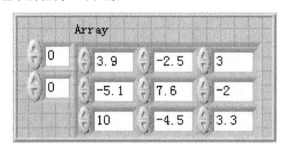

图 3-1　数组的组成

数组控制器和指示器框架位于 Controls→All Controls→Array & Cluster 子模板上，数组常量框架位于 Functions→All Functions→Array 子模板上，见图 3-2。

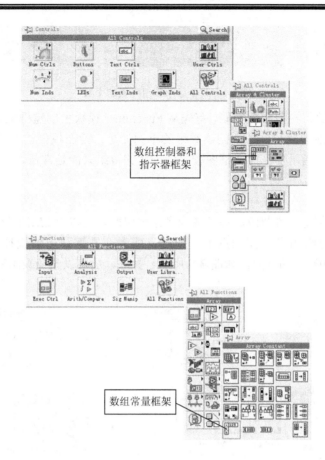

图 3-2 数组框架在模板上的位置

数组的创建分两步。第一步，从 Controls 模板中创建数组框架，如图 3-3(a)所示。此时创建的数组框架不包含任何内容，没有数据类型，也没有数据，在程序中不能使用。第二步，定义数组类型。定义数组类型的方法有两种，一是直接将面板上已有的控制器或指示器拖入数组框架内；另一种方法是在空数组框架内右键弹出菜单选择所需类型对象，放置在框架内，如图 3-3(b)所示。图 3-3(b)中所示的是放置了数值型控制器，构成数值型控制器数组。放置在数组内的对象一旦确定，数组类型就确定了。

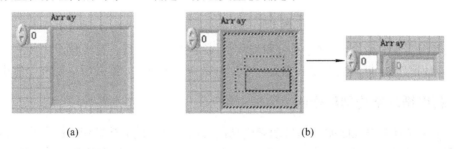

图 3-3 数组的创建过程

为同时显示数组的多个元素，可使用定位工具在数组窗口角落上出现网络形状时或抓住大小调节柄，将对象扩展到能显示所希望数量的数组元素，如图 3-4 所示。

图 3-4 改变显示数组元素的个数

在后面板创建数组与前面板类似,首先从 Functionss 模板上创建框架,然后添加具体数据类型的数据。在前面板和框图中创建数组的不同处是:前面板创建的是数组变量,可以是控制器,也可以是指示器;而在框图程序中创建的数组只能是常量。

3.1.2 多维数组

数组在创建时都是一维数组,使其成为多维数组时,可以直接用鼠标(对象操作工具状态)在索引边框下边缘的尺寸控制点上下拖动,或者在右键弹出的快捷菜单中选择 Add Dimension 即可添加数组的维数,如图 3-5 所示。另外,还可以改变数组对象的属性对话框修改数组的维数。

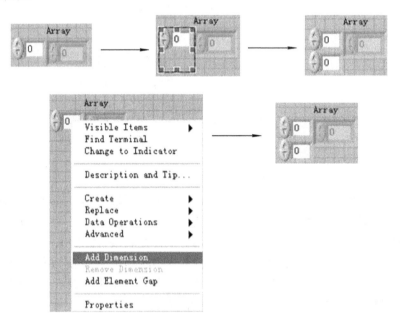

图 3-5 添加数组的维数

二维数组需要有两个索引(行索引和列索引)来定位一个元素。三维数组需要三个索引,由页、行和列组成,每一页可以看做是一个二维数组。通常,n 维数组需要 n 个索引。

3.1.3 利用循环结构创建数组

利用 For 循环和 While 循环的自动索引功能可以很方便地创建数组。首先看图 3-6 所示的两个程序框图及运行结果。图 3-6(a)中 For 循环的自动索引功能默认打开,每次循环产生一个 0~10 之间的数组元素,循环结束后,产生一个含有 5 个元素的一维数组,数组自动传输到指示器中。我们注意到,循环结构外的连线比较粗。图 3-6(b)中,因为 For 循环的自动索引功能被关闭,所以只有最后一个 0~10 之间的随机数 4.55576 传输到循环体外,并且在循环体内外的连线粗细没有变化。

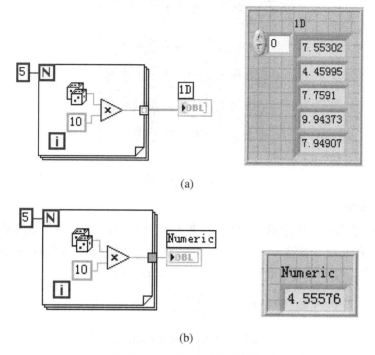

图 3-6 利用 For 循环的自动索引功能创建数组

使用两个嵌套的 For 循环可以创建二维数组。外层循环产生行元素,内层循环产生列元素。图 3-7 给出了利用两个 For 循环嵌套创建的一个 3 行 4 列的二维随机数组的前面板和框图程序。

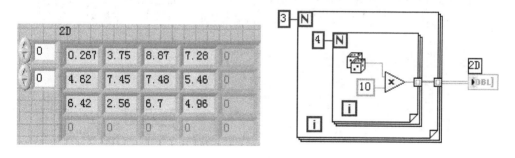

图 3-7 使用嵌套的 For 循环创建二维数组

将数组传送到自动索引功能打开的 For 循环中时,LabVIEW 会自动把循环次数设置为数组的长度,所以不需要为循环计数端子 N 连接数值。如果多个数组输入 For 循环,并且循环的计数端子设置了循环次数,则实际的循环次数取最小值。

3.1.4 数组函数

LabVIEW 中用于处理数组的节点位于 Functions→All Functions→Array 子模板上,如图 3-8 所示。下面详细介绍各个节点的用法。

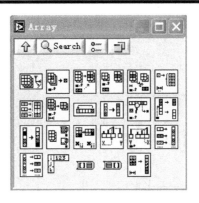

图 3-8 Array 子模板

1. Array Size

Array Size 节点的图标如图 3-9 所示,节点的输入 array 为一个任意维数的数组,输出 size(s) 返回各维的长度。若输入一维数组,则输出为一个整数值;若输入多维数组,则输出为一个一维数组,每个元素对应输入数组中每一维的长度。

图 3-9 Array Size 节点的图标

【例 3.1】 求一维数组、二维数组和三维数组的长度。

VI 的前面板和程序框图如图 3-10 所示。

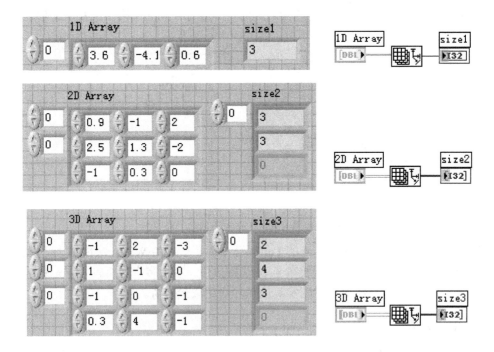

图 3-10 例 3.1 的前面板和程序框图

2. Index Array

Index Array 节点的图标如图 3-11 所示，n-dimension array 是任意类型的 n 维数组，接入数组后会自动生成 n 个索引端口，这 n 个索引端口是一组。以二维数组为例，使用定位工具拖拽节点的下边沿增加新的输入索引端子组，每组索引端子对应一个输出端口，如图 3-12 所示。输出 element or subarray 返回索引值对应的标量或数组。如果索引端口没有输入，则输出端口将按照从上到下的顺序依次输出数组的元素；对于二维数组，将从上到下依次按行输出。仔细观察索引端口组，注意到，默认情况下除了第一个索引端口以外的其他索引端口都被禁用，禁用的端口由一个空心小方框表示，未禁用的索引端口由实心小方框表示。当对索引端口输入数据时，禁用状态自动解除。

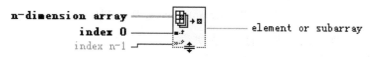

图 3-11　Index Array 节点的图标

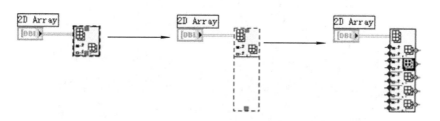

图 3-12　添加索引端口

【例 3.2】 从一个二维数组中取出某一行的所有元素、某一列的所有元素和某一个元素。

VI 的前面板和程序框图如图 3-13 所示。输入一个二维数组，通过拖动节点的下边沿，建立了 3 组索引端口，利用第一组索引端口取出某一行的所有元素，利用第二组索引端口取出某一列的所有元素，利用第三组索引端口取出某一元素。

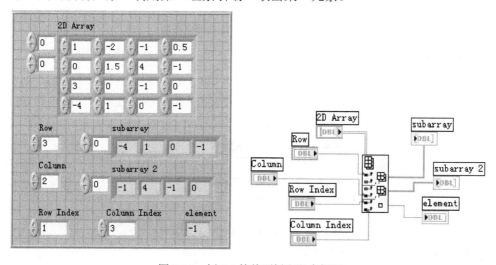

图 3-13　例 3.2 的前面板和程序框图

3. Replace Array Subset

Replace Array Subset 节点的图标如图 3-14 所示，n-dimension array 是任意类型的 n 维数组，接入数组后会自动生成 n 个索引端口，完成的功能是用 new element/subarray 的内容替换索引值的索引目标，可以是某一位置的元素或子数组。输出端口 output array 为替换后的新数组。注意，new element/subarray 端口的数据类型必须与输入数组的数据类型一致。

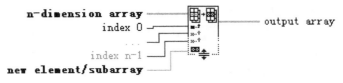

图 3-14　Replace Array Subset 节点的图标

【例 3.3】　替换二维数组中的某一列元素。

VI 的前面板和程序框图如图 3-15 所示。

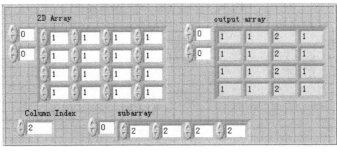

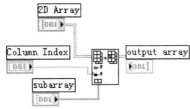

图 3-15　例 3.3 的前面板和程序框图

4. Insert Into Array

Insert Into Array 节点的图标如图 3-16 所示，n-dim array 是任意类型的 n 维数组，接入数组后会自动生成 n 个索引端口，完成的功能是在 index 指定的位置插入 n or n-1 dim array 的内容。注意，对每组 n 个索引端口只能连接一个。

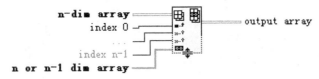

图 3-16　Insert Into Array 节点的图标

【例 3.4】　在二维数组中插入一行元素。

VI 的前面板和程序框图如图 3-17 所示。

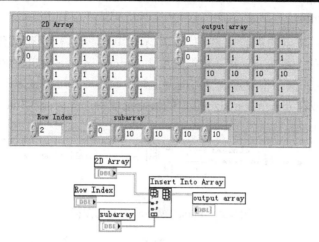

图 3-17 例 3.4 的前面板和程序框图

5. Delete From Array

Delete From Array 节点的图标如图 3-18 所示，其功能是从 n-dim array 输入的数组中删除指定的元素或者子数组。删除的起始位置由 index 端口决定，删除的长度由 length 端口决定。array w/ subset deleted 端口输出删除元素后的新数组，deleted portion 端口输出被删除的元素。索引端口的数目由输入数组的维数决定，而且只能有一个索引端口接入数值。

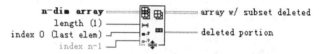

图 3-18 Delete From Array 节点的图标

【例 3.5】 在一个三维数组中删除指定列数的元素。

VI 的前面板和程序框图如图 3-19 所示，从每一页的第一列开始，删除一列，前面板显示的是删除第一列后，第一页的变化情况。

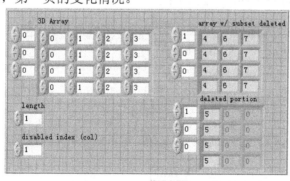

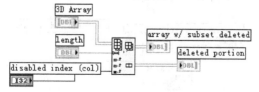

图 3-19 例 3.5 的前面板和程序框图

6. Initialize Array

Initialize Array 节点的图标如图 3-20 所示，其功能是初始化数组，数组的维数由 dimension size 端口的个数决定，每一维的长度由 dimension size 确定，数组中的元素全部等于 element 端口输入的值。将节点放置在框图上时，只有一个 dimension size 端口，通过拖动节点的下边沿，或在 dimension size 端口的快捷菜单中选择 Add Dimension，可以创建多维数组，如图 3-21 所示。

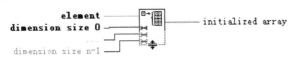

图 3-20 Initialize Array 节点的图标

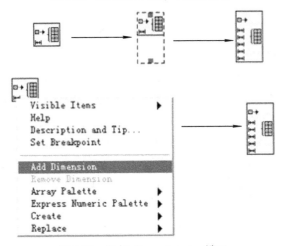

图 3-21 添加 dimension size 端口

【例 3.6】 初始化一个二维数组。

VI 的前面板和程序框图如图 3-22 所示。

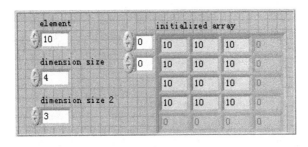

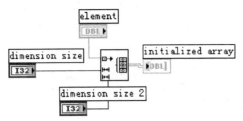

图 3-22 例 3.6 的前面板和程序框图

7. Build Array

Build Array 节点的图标如图 3-23 所示,其功能是合并多个数组或给数组添加元素,形成一个新数组,因此节点可以接收数组和单值元素。该节点的两种组合方式取决于开关选项 Concatenate Inputs(连接输入)。当 Concatenate Inputs 被选中时,输出 appended array 是将所有输入连接,其维数与所有输入参数中的最高维数相同。当 Concatenate Inputs 被关闭时,所有输入参数的维数必须相等,输出比输入高一维。

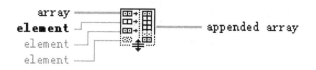

图 3-23 Build Array 节点的图标

最初在框图上放置的节点只有一个输入端口,通过快捷菜单选择 Add Input 或使用定位工具拖拽节点的下边沿可以增加输入端口。

【例 3.7】 利用 Build Array 节点创建数组。

VI 的前面板和程序框图如图 3-24 所示。图 3-24(a)中的输入参数全是标量,输出是一维数组,而且 Concatenate Inputs 选项自动关闭不能打开;图 3-24(b)和图 3-24(c)都是输入两个一维数组,但结果不一样,因为图 3-24 (c)将连接输入功能打开;图 3-24 (d)输入两个数组的维数不同,Concatenate Inputs 选项被打开而且不能关闭,输出是二维数组。

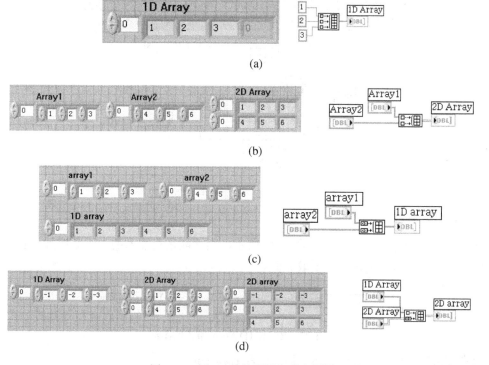

图 3-24 例 3.7 的前面板和程序框图

8. Array Subset

Array Subset 节点的图标如图 3-25 所示，其功能是从输入数组 array 中取出由 index 和 length 端口指定的元素。index 端口和 length 端口成对出现，而且对数与输入数组的维数相同。输出 subarray 与输入数组的维数相同。

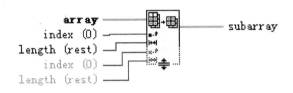

图 3-25　Array Subset 节点的图标

【例 3.8】　从二维数组中取出部分元素。

VI 的前面板和程序框图如图 3-26 所示。

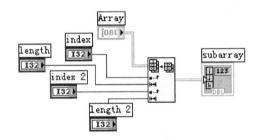

图 3-26　例 3.8 的前面板和程序框图

9. Rotate 1D Array

Rotate 1D Array 节点的图标如图 3-27 所示，其功能是将输入的一维数组元素循环右移 n 个位置，即将最后 n 个元素移至最前面。

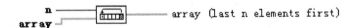

图 3-27　Rotate 1D Array 节点的图标

【例 3.9】　将一维数组循环左移 3 位和右移 3 位。

VI 的前面板和程序框图如图 3-28 所示。当输入端口 n 为负值时，左移 n 位。

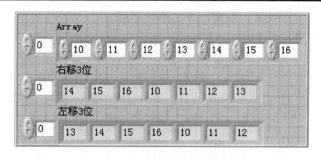

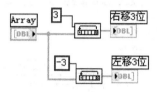

图 3-28　例 3.9 的前面板和程序框图

10. Reverse 1D Array

Reverse 1D Array 节点的图标如图 3-29 所示,其功能是将输入的一维数组倒序输出,输入数组可以是任意类型的数组。

图 3-29　Reverse 1D Array 节点的图标

【例 3.10】 将一维数组倒序输出。

VI 的前面板和程序框图如图 3-30 所示。

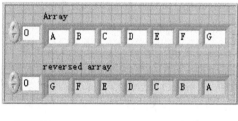

图 3-30　例 3.10 的前面板和程序框图

11. Search 1D Array

Search 1D Array 节点的图标如图 3-31 所示,其功能是从输入的一维数组中检索值为 element 的元素,由端口 start index 确定检索的初始位置。如果找到该元素,则返回该元素的索引值,否则返回 −1。

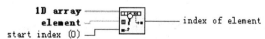

图 3-31　Search 1D Array 节点的图标

【例 3.11】 在一维数组中检索一个字母的位置。

VI 的前面板和程序框图如图 3-32 所示。

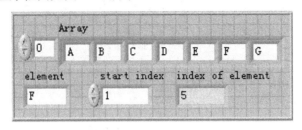

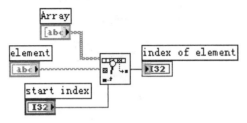

图 3-32 例 3.11 的前面板和程序框图

12. Split 1D Array

Split 1D Array 节点的图标如图 3-33 所示，其功能是将输入的一维数组 array 从 index 设置的索引处分成两个一维数组。当 index 的值小于等于 0 时，first subarray 输出为空；当 index 的值大于数组长度时，second subarray 输出为空。

图 3-33 Split 1D Array 节点的图标

【例 3.12】 将一维数组分成两部分。

VI 的前面板和程序框图如图 3-34 所示。

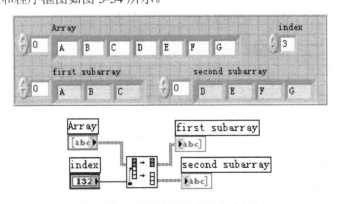

图 3-34 例 3.12 的前面板和程序框图

13. Sort 1D Array

Sort 1D Array 节点的图标如图 3-35 所示，其功能是将输入的一维数组按照升序排列。另外，该节点与 Reverse 1D Array 节点组合可以实现对一维数组的降序排列。

图 3-35 Sort 1D Array 节点的图标

【例 3.13】 将一维数组按照升序和降序分别排列。

VI 的前面板和程序框图如图 3-36 所示。

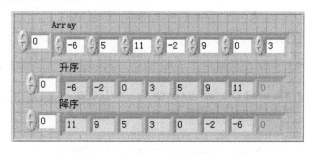

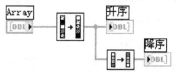

图 3-36 例 3.13 的前面板和程序框图

14．Array Max & Min

Array Max & Min 节点的图标如图 3-37 所示，其功能是返回输入任意维数组的最大值和最小值，以及它们在数组中的位置。当数组中有多个元素同为最大值或同为最小值时，只输出第一个值所在的位置。

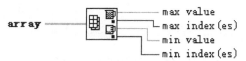

图 3-37 Array Max & Min 节点的图标

【例 3.14】 查找数组中的最大值和最小值。

VI 的前面板和程序框图如图 3-38 所示。

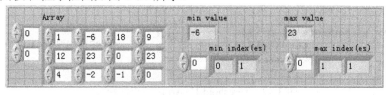

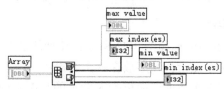

图 3-38 例 3.14 的前面板和程序框图

15. Transpose 2D Array

Transpose 2D Array 节点的图标如图 3-39 所示，其功能是将输入的二位数组转置，即求矩阵的转置矩阵。

图 3-39　Transpose 2D Array 节点的图标

16. Interpolate 1D Array

Interpolate 1D Array 节点的图标如图 3-40 所示，其功能是进行线性插值。

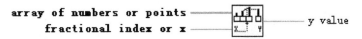

图 3-40　Interpolate 1D Array 节点的图标

【例 3.15】　在一维数组中进行线性插值。

VI 的前面板和程序框图如图 3-41 所示。

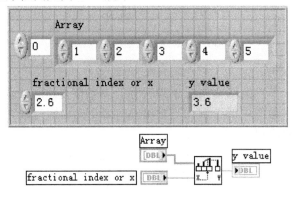

图 3-41　例 3.15 的前面板和程序框图

17. Threshold 1D Array

Threshold 1D Array 节点的图标如图 3-42 所示，其功能是求一维数组的门限值，是线性插值的逆过程。

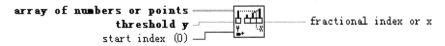

图 3-42　Threshold 1D Array 节点的图标

18. Interleave 1D Arrays

Interleave 1D Arrays 节点的图标如图 3-43 所示，其功能是将输入的一维数组进行插接。首先将所有一维数组的第 0 个元素按顺序放在输出数组中；再将所有一维数组的第 1 个元素按顺序放在输出数组中，依次类推。如果输入数组的长度不同，则以最小长度为准对其他数组进行截取。

图 3-43 Interleave 1D Arrays 节点的图标

【例 3.16】 将 3 个不同长度的一维数组插接。

VI 的前面板和程序框图如图 3-44 所示。

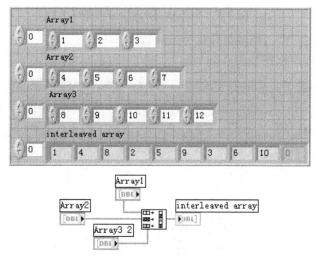

图 3-44 例 3.16 的前面板和程序框图

19．Decimate 1D Array

Decimate 1D Array 节点的图标如图 3-45 所示，其实现的功能与 Interleave 1D Arrays 节点相反。

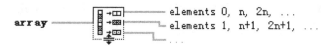

图 3-45 Decimate 1D Array 节点的图标

【例 3.17】 将一个一维数组分解成多个一维数组。

VI 的前面板和程序框图如图 3-46 所示。

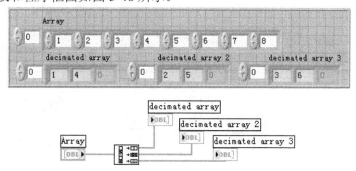

图 3-46 例 3.17 的前面板和程序框图

20. Reshape Array

Reshape Array 节点的图标如图 3-47 所示，其功能是将 n 维数组转化成 m 维数组数出。输出数组的维数由 dimension size 端口的个数决定。

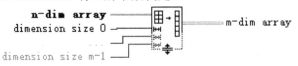

图 3-47 Reshape Array 节点的图标

【例 3.18】 将一个二维数组转化为三维数组。

VI 的前面板和程序框图如图 3-48 所示。

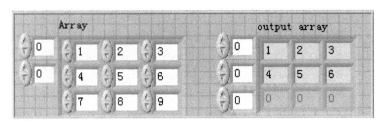

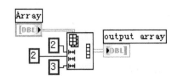

图 3-48 例 3.18 的前面板和程序框图

3.1.5 多态性

多态性(Polymorphism)是 LabVIEW 的一些函数(如加、减、乘和除)接受不同维数和类型输入的能力。具有这种能力的函数是多态函数，图 3-49 显示了乘函数的一些多态性的不同组合。

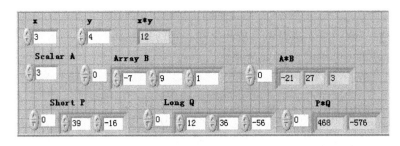

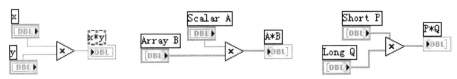

图 3-49 乘函数的多态性组合

图 3-48 中，第一个组合是两个标量相乘；第二个组合是一个标量和一个一维数组相乘；第三个组合是两个长度不同的一维数组相乘，相乘后的数组维数取较短的一个数组的长度。

3.2 簇

簇(cluster)是一种类似数组的数据结构，也是复合数据类型，用于分组数据。簇与数组有两个重要区别，一是簇可以包含不同的数据类型，而数据组只能包含相同的数据类型；另一个区别是簇具有固定的大小，在运行时不能添加元素，而数组的长度在运行时可以自由改变。簇和数组的相似之处是二者都是由控件和指示器组成的。

3.2.1 簇的创建

簇的创建和数组的创建类似，首先建立框架，然后向框架中添加元素。簇控制器和指示器的框架位于 Controls→All Controls→Array & Cluster 子模板上，簇常量框架位于 Functions→All Functions→Cluster 子模板上，如图 3-50 所示。

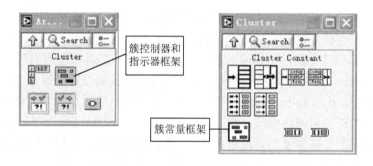

图 3-50 簇框架在 Controls 和 Functions 模板上的位置

簇的创建过程如图 3-51 所示。需要注意的是，向簇框架中添加元素时不能同时包含控制器和指示器。

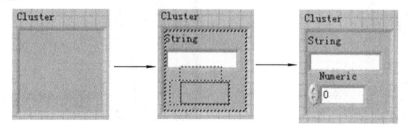

图 3-51 簇的创建过程

在簇框架上弹出的快捷菜单中，AutoSizing 中的 3 个选项可以调整簇元素的布局。其中，Size to Fit 选项调整簇框架的大小，以适合所包含的所有元素；Arrange Horizontally 选项水平压缩排列所有元素；Arrange Vertically 选项垂直压缩排列所有元素。

3.2.2 簇的顺序

簇元素按照放入簇框架中的先后顺序排序，并且依次标记为 0、1、2、…。当从簇中删除元素时，剩余元素的顺序将自动调整。改变簇中已有元素排列顺序的方法是在簇边缘弹出的快捷菜单中选择 Record Controls in Cluster…，这样进入簇元素顺序的编辑状态，如图 3-52 所示。

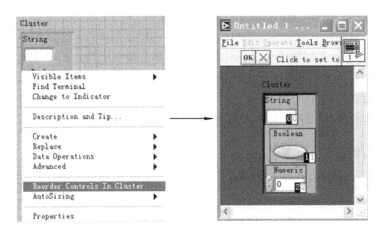

图 3-52　簇元素顺序编辑状态

从上簇元素顺序编辑状态图中看到，每个元素右下角出现两个序号，左边黑底白字的是新序号，右边是修改之前的旧序号。在改变顺序之前，左边和右边的数字是相等的。最初工具栏提示 Click to set to 0，这时单簇元素之一将把该元素设置为第 0 个元素。此时，工具栏信息变成 Click to set to 1，再单击某个元素将其设置为第 1 个元素，依次设置完毕后，单击工具栏中的 OK 按钮确认修改，也可以单击 X 按钮恢复到没有改变顺序之前的状态。

簇元素的顺序是比较重要的，通过图 3-53 所示的例子可以看到。当改变簇元素的顺序后，相应的也要改变簇指示器，否则连线是无效的，如图 3-53(b)所示。

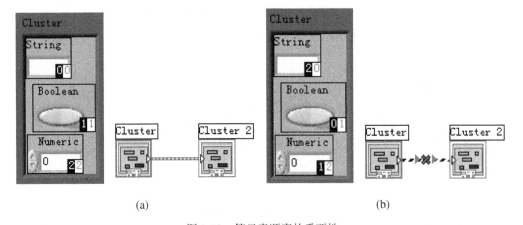

图 3-53　簇元素顺序的重要性

3.2.3　簇的功能函数

簇的功能函数位于 Functions→All Functions→Cluster 子模板上，如图 3-54 所示，其中最重要的是 Unbundle 和 Bundle 函数。

图 3-54 Cluster 子模板

1. Unbundle

Unbundle 节点的图标如图 3-55 所示，其功能是将输入簇 cluster 进行解包以提取簇中的单个元素，输出元素按照簇顺序从上到下排列。框图上放置的 Unbundle 节点只有两个输出端口，接入 cluster 后，输出端口数会自动调整为 cluster 所包含的元素的个数。

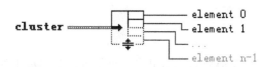

图 3-55 Unbundle 节点的图标

【例 3.19】 将一个簇中的元素分别取出。

VI 的前面板和程序框图如图 3-56 所示。接入簇后，Unbundle 函数自动调整输出端口的数目和数据类型，使其与输入簇所含元素一致。

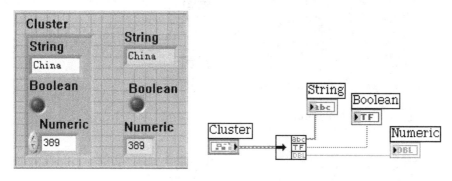

图 3-56 例 3.19 的前面板和程序框图

2. Bundle

Bundle 节点的图标如图 3-57 所示，当不接入输入参数 cluster 时，该节点将 element0～n−1 打包生成含有 n 个元素的新簇，接入输入端口的顺序决定了生成新簇中元素的顺序。当接入参数 cluster 后，element 端口的数目自动调整为与 cluster 所含元素数相同，节点的功能是替换 cluster 中的指定元素。注意，接入元素的顺序必须与 cluster 中所含元素的顺序按照类型匹配。刚在框图上放置的 Bundle 节点只有两个输入端口，用鼠标拖动下边沿，或者在节点的快捷菜单中选择 Add Input 可以增加端口，如图 3-58 所示。

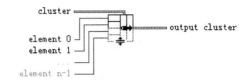

图 3-57 Bundle 节点的图标

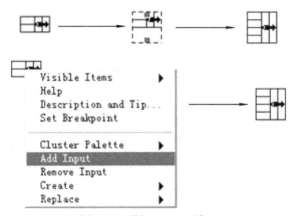

图 3-58 增加 element 端口

【例 3.20】 将不同数据类型的元素组成一个新簇；替换簇中的某些元素。

VI 的前面板和程序框图如图 3-59 所示。在第 2 个例子中看到，没有接入替换元素的原簇元素没有改变。

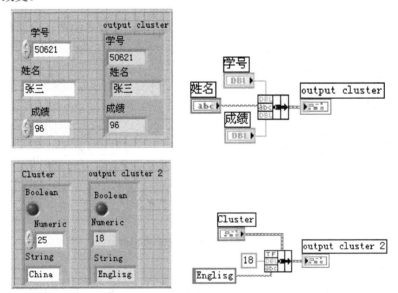

图 3-59 例 3.20 的前面板和程序框图

3. Unbundle By Name

Unbundle By Name 节点的图标如图 3-60 所示，其功能是将 cluster of named 输入簇中的元素按标签解包，只能获得有标签元素的值。当接入簇时，在输出端口右键弹出的快捷菜单中的 Select Item 子菜单中可以选择元素。

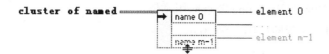

图 3-60　Unbundle By Name 节点的图标

【例 3.21】　Unbundle By Name 节点应用举例。
VI 的前面板和程序框图如图 3-61 所示。

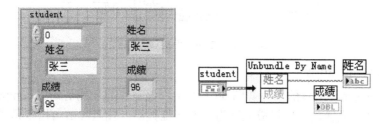

图 3-61　例 3.21 的前面板和程序框图

4．Bundle By Name

Bundle By Name 节点的图标如图 3-62 所示，input cluster 必须接入参数，而且至少有一个元素有标签。节点的功能是按照输入端口的标签替换 input cluster 中的元素。由于该节点是按照元素标签打包的，所以 name 端口不需要有明确的顺序，只要按照在 name 端口(Operate Value 状态左键单击)弹出的菜单或右键 Select Istm 子菜单中所选的元素标签接入数据即可，如图 3-63 所示。

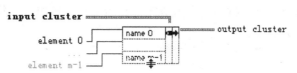

图 3-62　Bundle By Name 节点的图标

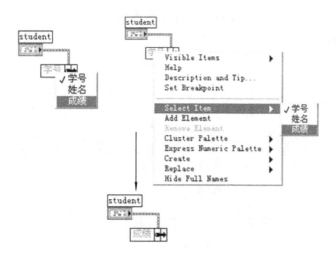

图 3-63　选择 name 端口的数据

【例 3.22】 Bundle By Name 节点应用举例。
VI 的前面板和程序框图如图 3-64 所示。

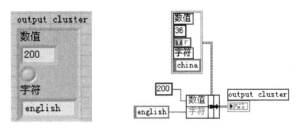

图 3-64　例 3.22 的前面板和程序框图

5. Build Cluster Array

Build Cluster Array 节点的图标如图 3-65 所示，该节点的功能是先将 component 端口输入的 n 个参数打包成簇，然后组成元素为簇的一维数组。输入参数可以都是数组，但要求维数必须相等。

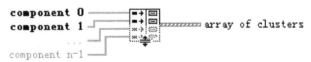

图 3-65　Build Cluster Array 节点的图标

6. Index & Bundle Cluster Array

Index & Bundle Cluster Array 节点的图标如图 3-66 所示，输入参数为任意数据类型的一维数组，将输入数组中的元素按照索引组成簇，然后将这些簇组成一维数组输出。

图 3-66　Index & Bundle Cluster Array 节点的图标

【例 3.23】 Index & Bundle Cluster Array 节点应用举例。
VI 的前面板和程序框图如图 3-67 所示。

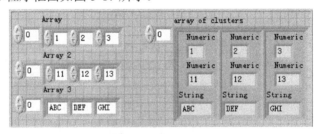

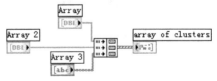

图 3-67　例 3.23 的前面板和程序框图

3.2.4 簇和数组互换

在 LabVIEW 中，簇和数组的转换很容易，可通过下面两个节点实现。这两个节点位于 Functions→All Functions→Cluster 子模板上。

1. Cluster To Array

Cluster To Array 节点的图标如图 3-68 所示，输入簇 cluster 的所有元素必须是相同数据类型，该节点将所有簇元素按照顺序组合成一维数组输出。

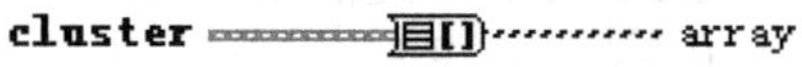

图 3-68　Cluster To Array 节点的图标

2. Array To Cluster

Array To Cluster 节点的图标如图 3-69 所示，其功能与 Cluster To Array 节点的功能相反，即将输入数组中的元素按顺序打包成簇输出。

图 3-69　Array To Cluster 节点的图标

3.3 波　　形

在信号采集、处理和分析过程中经常使用波形数据类型。波形的结构和簇非常相似，是一种特殊类型的簇。LabVIEW 提供了很多功能强大的节点用来处理波形数据。

3.3.1 Time Stamp 和 Variant

Time Stamp 是 LabVIEW 中记录时间的专用数据类型。Time Stamp 控制器和指示器位于 Controls→All Controls→Numeric 子模板上，Time Stamp Constant 位于 Functions→All Functions→Numeric 子模板上，如图 3-70 所示。Time Stamp 的初始值是 0。在 Time Stamp 对象弹出的快捷菜单中选择 Data Operation→Set Time and Data…，打开对话框，可以在此修改日期和时间。

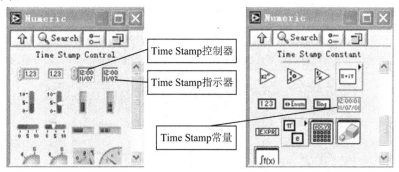

图 3-70　Time Stamp 控件和常量

Variant 是一种特殊的数据类型，任何数据类型都可以转化为 Variant 类型，然后为其添加属性。Variant 类型的操作节点都在 Functions→All Functions→Communication→DataSocket→Variant 子模板上，如图 3-71 所示，节点依次为：To Variant、Variant To Data、Variant To Flattened String、Flattened String To Variant、Get Variant Attribute、Set Variant Attribute、Delete Variant Attribute。

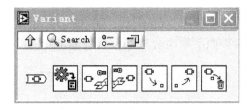

图 3-71　Variant 操作节点

3.3.2　波形数据的组成

LabVIEW 中的波形数据有两种：模拟波形数据(Waveform Data)和数字波形数据(Digital Waveform Data)。模拟波形数据用来表示模拟信号的波形；数字波形用来表示二进制数据。通常二者都是由 4 个元素组成，即起始时间、Delta t、波形数据和属性。

(1) 起始时间 t0。起始时间 t0 为 Time Stamp 类型，表示波形数据的时间起点。起始时间可以用来同步多个波形，也可以用来确定两个波形的相对时间。

(2) Delta t dt。dt 是双精度浮点数，表示一个波形中相邻两个数据点之间的时间间隔，以 s 为单位。

(3) 波形数据 Y。Y 是双精度浮点数组，按照时间先后顺序给出整个波形的所有数据点。

(4) 属性 Attributes。属性包含了波形的数据信息，如波形名称、数据采集设备的名称等。Attributes 是 Variant 数据类型，用于携带任意的属性信息。

LabVIEW 利用前面板对象 Waveform 和 Digital Waveform 来分别存放模拟波形数据和数字波形数据，Waveform 和 Digital Waveform 在 Controls→All Controls→I/O 子模板上。默认情况下只显示 3 个元素(t0、dt 和 Y)，在右键弹出的快捷菜单中选择 Visible Items→Attributes 可显示属性，如图 3-72 所示。

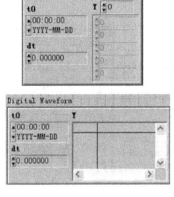
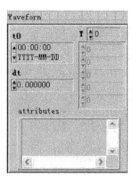

图 3-72　波形控件

3.3.3 波形数据的操作节点

波形数据的操作节点位于 Functions→All Functions→Waveform 子模板上，如图 3-73 所示。这些节点分为基本波形运算节点、模拟波形数据运算节点、数字波形数据运算节点和波形数据的存取节点 4 部分。这里主要介绍几个最基本的波形操作节点。

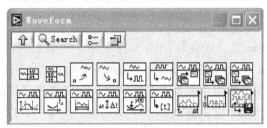

图 3-73 波形数据操作节点

1. Get Waveform Components

Get Waveform Components 节点的图标如图 3-74 所示，其功能是将波形数据的 4 个组成元素分离。在默认情况下，该节点只有 t0 端口，拖动图标的上边沿或下边沿，或者在输出端口的右键弹出快捷菜单中选择 Add Element，可以增加 dt、Y、attributes 输出端口。使用 Operate Value(操作工具)可以弹出元素选择快捷菜单，或在右键弹出的菜单中选择 Select Item，利用该下拉菜单可切换 4 个元素的输出。

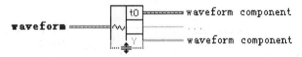

图 3-74 Get Waveform Components 节点的图标

2. Build Waveform

Build Waveform 节点的图标如图 3-75 所示，该节点的功能是创建一个新的数据波形，或修改已有的波形。默认情况该节点只有 waveform 和 t0 输入端口，增加端口和选择输入端口输入元素名称的方法与 Get Waveform Components 节点相同。如果 waveform 端口没有接入数据，则节点根据输入参数建立新的波形数据；如果 waveform 端口接入已有波形数据，则节点根据 waveform component 端口的输入修改已有波形数据中的值。

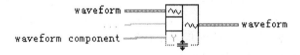

图 3-75 Build Waveform 节点的图标

3. Set Waveform Attribute

Set Waveform Attribute 节点的图标如图 3-76 所示，其功能是为波形数据添加或修改属性。当由 name 端口指定的属性名称已经存在时，节点将根据 value 端口的输入修改这个属性，replaced 端口返回 True。当 name 端口指定的属性名称不存在时，节点将为波形数据添加一个新的属性，replaced 端口返回 False。

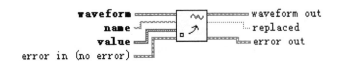

图 3-76 Set Waveform Attribute 节点的图标

4. Get Waveform Attribute

Get Waveform Attribute 节点的图标如图 3-77 所示，该节点的功能是获得波形数据属性中的属性名称和对应的属性值。图 3-77(a)表示输入端口 name 没有接入参数的情况，输出端口 names 返回字符串数组，数组中的每一个元素对应一个属性名称；输出端口 values 返回一个 variant 数组，数组中每一个元素对应一个属性值。图 3-77(b)表示输入端口 name 接入属性名称的情况，当节点从波形数据的属性中找到 name 端口输入的属性名称时，输出 found 端口返回 True，并从 value 返回该属性值；如果没有找到，则 found 端口返回 False，value 返回空。

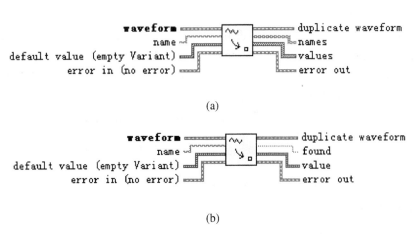

图 3-77 Get Waveform Attribute 节点的图标

习 题 3

3.1 利用 For 循环自动索引特性创建一个一维数组，并计算数组元素的平方和。

3.2 构建一个 VI，该 VI 产生 500 个随机数并使用波形显示控件显示波形。计算随机数的平均值、最大值、最小值并在前面板显示计算结果。

3.3 讨论数组和簇的相同点和不同点。

3.4 建立一个簇，包含个人姓名、年龄、民族、专业等信息，并使用 Unbundle 节点将各个元素分别取出。

第4章 图形显示

LabVIEW 的特性之一是对数据的图形化显示提供了丰富的支持。强大的图形显示功能增强了用户界面的表达能力，极大地方便了用户对虚拟仪器的学习和掌握。

Graph(事后记录图)和 Chart(实时趋势图)是图形显示的两类主要控件。这两类控件的区别在于两者数据组织方式及波形的刷新方式不同。Chart 将数据在坐标系中实时、逐点地显示出来，可以反映被测物理量的变化趋势，例如显示一个实时变化的波形或曲线，传统的模拟示波器和波形记录仪就是按照这种方式显示的。而 Graph 则是对已采集数据进行事后处理的结果，它先将被采集数据存放在一个数组之中，然后根据需要将这些数据组织成所需的图形一次性显示出来。缺点是没有实时显示，但其表现形式较丰富。例如，采集了一个波形后，经处理可以显示其频谱图。本章将介绍常用的图形控件。

4.1 Graph 控件

所有的波形显示控件都位于 Controls→All Controls→Graph 子模板中，如图 4-1 所示。另外还包含了一些三维图形和极坐标图等控件。

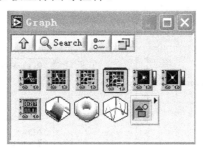

图 4-1 Graph 子模板

默认情况下，Waveform Graph 控件上除绘图区域之外的可见元素包括标签(Label)、图例(Plot Legend)、X 刻度(X Scale)、Y 刻度(Y Scale)。典型的前面板结构还包括坐标设置工具(Scale Legend)、图形控制工具(Graph Palette)、光标控制工具(Cursor Legend)，如图 4-2 所示。

Waveform Graph 的基本显示模式是等时间间隔地显示数据点，既可以显示单个信号波形，也可以同时显示多个信号波形。Waveform Graph 显示波形以成批数据一次刷新方式进行，数据输入的基本形式是数据数组、簇或波形数据。

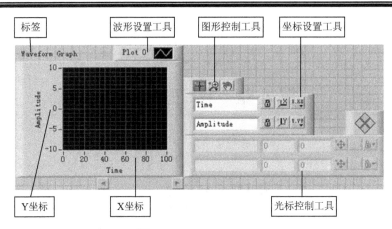

图 4-2 Waveform Graph

4.1.1 Waveform Graph 的属性设置

利用 Waveform Graph 右键弹出的快捷菜单(如图 4-3 所示)可以设置 Waveform Graph 的一些最基本的属性。

1. X 坐标选项(X Scale)

X Scale 子菜单如图 4-4 所示。Maker Spacing 用于指定刻度标记的分布类型,有两个选项 uniform 和 arbitrary。默认情况下 uniform 被选中,刻度根据数组中的数据长度自动标注,刻度标记均匀分布。此时,Add Maker 和 Delete Maker 选项被禁用。如果想详细了解所显示波形中某些点的具体变化情况,可以选择 arbitrary 任意标注 X 刻度,使网络线恰好落在这些点上。

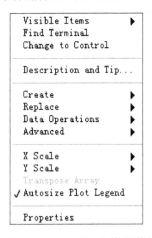

图 4-3 Waveform Graph 弹出菜单   图 4-4 X Scale 菜单

设置刻度类型为任意刻度后,Waveform Graph 控件上 X 轴只有第一个和最后一个刻度显示,如图 4-5 所示。此时 Add Maker 项为可选项,利用该项可以在鼠标指针所在的位置增加新刻度及相应的竖直网络线,如图 4-6 所示。另外,还可以调整刻度及网络线的位置,一种方法是用文本编辑工具直接改变其刻度值;另一方法是将鼠标(operate value 状态)停留在要调整刻度的附近,光标变成双箭头后,按住鼠标左键拖动到任意位置。若要删除某一刻度,用文本编辑工具指向某刻度,在鼠标右键的弹出的菜单中选择 Delete Maker 即可。

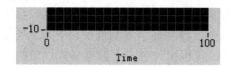
图 4-5 刻度类型为任意刻度

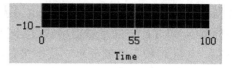
图 4-6 增加新刻度

Formatting…用于设置数据格式。选择该项弹出 Waveform Graph 属性对话框的 Format and Precision 页，在该页中可以设定刻度数据的显示格式。

Style 用于改变 X 轴刻度的标注风格，提供了 9 种风格，可以选择是否显示主刻度和副刻度数字及刻度线。

Mapping 用于设定刻度的映射方式，一种是默认的线性(linear)关系；另一种是对数(logarithmic)关系，这种方式适合于输入信号以分贝为单位的情况，如声音的大小或电信号的功率等。

AutoScale X 选项用于设置 X 刻度的自动缩放功能。选中此项，X 刻度将根据输入数据自动调整数值范围，使得所有输入数据都显示出来。

Loose Fit 用于取整。默认情况，该选项有效，终止刻度标记把刻度舍入到刻度间距的整数倍的位置。若想让刻度精确到与输入数据长度一致，需要关闭该选项。

Visible Scale Label 用于控制 X 刻度标签名称是否显示。

2．Y 坐标选项(Y Scale)

Y 坐标选项的内容与 X 坐标选项的内容完全一样，只是对纵轴有效。

3．属性设置(Properties)

Properties 中的选项一般在快捷菜单中都能找到，这里作系统介绍。属性对话框包括 5 项：Appearance、Format and Precision、Plots、Scales、Cursor。

外观设置(Appearance)选项如图 4-7 所示。Label 栏用来设置标签显示和标签的内容；Caption 栏用来设置标题的显示和标题的内容；Enable State 栏用来设置 Waveform Graph 的状态；其余几个选项用于是否显示特定的工具面板。

图 4-7 Appearance 选项

数据格式与精度(Format and Precision)选项如图 4-8 所示。左上角的下拉列表框中可以选择坐标轴 X 和 Y；下面是数据格式设定栏，其中前四项是十进制表示，中间三项分别是十六进制、八进制和二进制表示，接下来是绝对时间和相对时间；数据格式设定栏的右侧根据左侧的内容进一步设置数据或时间。

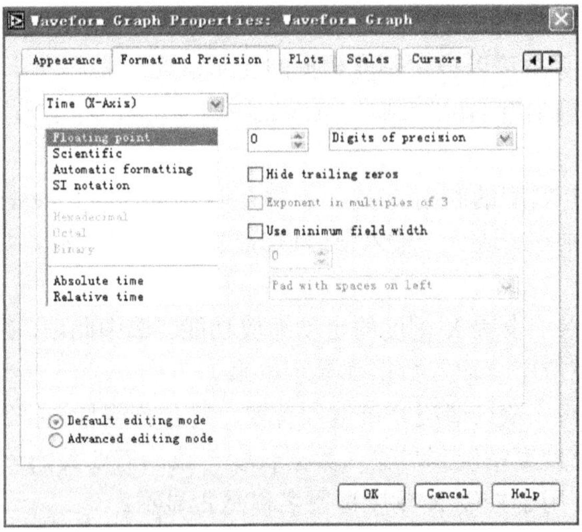

图 4-8　Format and Precision 选项

线条设置(Plots)选项如图 4-9 所示，用于设置与图形线条相关的属性。最上面一栏可选择要设定的曲线；Name 栏设定曲线名称；下面的四个选项分别用来设定线条类型、线宽、点型和连线方式；右侧的 Colors 栏用于设定线条和数据点的颜色。

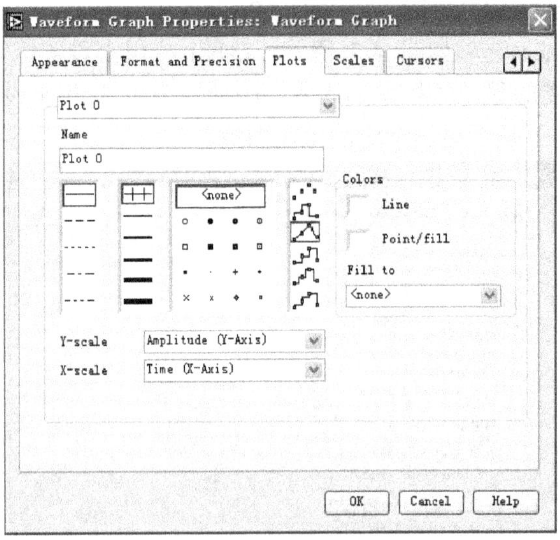

图 4-9　Plots 选项

标尺属性设置(Scales)选项如图 4-10 所示，最上方的下拉列表框用于选择当前设定的坐标轴；Name 设定坐标轴的名称；Show scale label 设置是否显示坐标名称；Show scale 设置是否显示坐标轴的刻度和名称；Log 设置是否采用对数坐标；Inverted 设置是否反转坐标轴方向；Autoscale 设置是否自动选择标尺量程；Scaling Factors 用于设置默认的显示起始位置和 Delta；Scale Style and Calors 用于设置标尺的样式和颜色；Grid Style and Colors 用于设置网络线的样式和颜色。

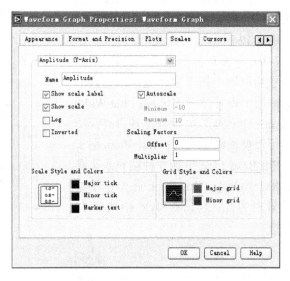

图 4-10 Scales 选项

光标设置(Cursor)选项如图 4-11 所示。最上方的下拉列表用于选择当前设置的光标；Name 栏设置光标名称；接下来的四个属性选项分别设置光标的线型、线宽、光标十字线交点的形状；Cursor color 设置光标颜色；Show name 设置是否显示光标名称；Show cursor 设置是否显示光标；Allow dragging 设置光标的拖动属性。

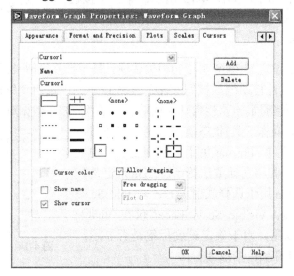

图 4-11 Cursor 选项

4.1.2 Waveform Graph 组成元素的使用方法

根据图 4-2 所示，分别介绍 Waveform Graph 的部分组成元素的使用方法。

1. 波形设置工具

利用波形设置工具可以定义波形的各种相关参数。使用文本编辑工具单击波形控制工具上的名称可以进行修改。默认情况只显示第一条波形的图例，使用定位工具拖动下边沿可以填加图例。右键单击波形设置工具会弹出如图 4-12 所示的快捷菜单。

Common Plots 中包括 6 种波形显示模式。Color 用于设置波形的颜色，在颜色拾取器中按下空格键可以切换前景色和背景色；Line Style 用于设置波形的风格；Line Width 用于设定波形的宽度；Anti-Aliased 开关项决定是否打开防锯齿功能，打开该功能可以使曲线更光滑；Bar Plots 用于设定直方图绘制方式；Fill Base Line 包括 3 种填充水平参考基线(Zero、-Infinity 和 Infinity)；Interpolation 给出了绘制波形时连接数据点的 6 种方式；Points Style 中共有 16 种数据点显示方式可供选择。

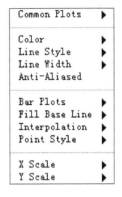

图 4-12　波形设置工具弹出菜单

2. 图形控制工具

图形控制工具用来选择鼠标操作模式，共有 3 个按钮。十字标志按钮用于切换操作模式和普通模式；第二个按钮是缩放工具按钮，共有 6 个选项，从左到右，从上到下依次是按鼠标拖拽出来的矩形放大、按鼠标拖拽水平放大、按鼠标拖拽垂直放大、取消最近一次的操作、按鼠标所在点位置放大和按鼠标所在点位置缩小，如图 4-13 所示；第三个按钮是平移工具，用于在 X-Y 平面上移动可视区域的位置。

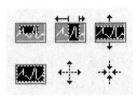

图 4-13　缩放工具

3. 坐标设置工具

坐标设置工具用于设定 X 和 Y 坐标的相关选项。每一行都包括坐标名称编辑文本框、锁定自动缩放按钮、一次性自动缩放按钮和刻度格式按钮。锁定自动缩放功能与前面讲到的 XScale-AutoScale X 功能等同。一次性自动缩放功能根据当前波形数据对刻度进行一次性缩放。

在 Operate Value(操作工具)状态单击刻度格式按钮，弹出如图 4-14 所示的菜单。Format 用于设置刻度显示的数据格式，比如各种进制和科学计数法等；Precision 定义数据精度；Mapping Mode 用于选择映射关系；Visible Scale 用于是否显示整个刻度；Visible Scale Label 仅在 Visible Scale 被选中时才可以用，用于确定刻度标签是否显示；Grid Color 选项用于打开颜色拾取器。

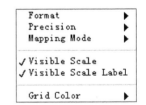

图 4-14　刻度格式按钮弹出菜单

4. 光标控制工具

光标控制工具用来读取 Waveform Graph 上某一点的确切坐标值，坐标值显示在光标控制工具中。在光标控制工具中可以编辑改变光标名称和光标点的坐标位置，使用定位工具拖动下边沿可以增加多个光标。每一行的右边有 3 个按钮，分别是移动控制按钮(用于决定光标是否接受光标移动器的移动控制)、光标外观按钮(用于控制光标的外观和视觉效果)、移动方式按钮(用于确定是否锁定光标的移动路径)。

4.1.3 Waveform Graph 使用举例

在第 2 章和第 3 章的举例中已经涉及到 Waveform Graph，这里将通过一些实际例程说明 Waveform Graph 的使用。

【例 4.1】 使用 Waveform graph 显示正弦波和余弦波。

VI 的前面板和程序框图如图 4-15 所示。加除法节点的目的是使得波形更光滑。

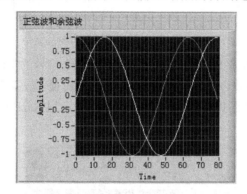

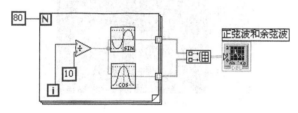

图 4-15 例 4.1 的前面板和程序框图

LabVIEW 中的 Waveform Graph 控件可以将当前显示的波形存储成图片文件记录在计算机中,方法是：在右键弹出的快捷菜单中选择 Data Operations 中的 Export Simplified Image，打开输出图片的对话框，如图 4-16 所示，可以选择输出到剪贴板或者输出到文件。若选择输出到文件，需要选择输出路径，可以将波形输出为图片文件。输出文件的格式有 .emf 和 .bmp 两种。

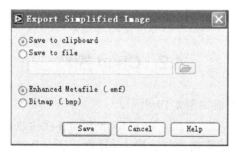

图 4-16 输出波形为文件的对话框

将例 4.1 中的波形输出格式为 .bmp 的图片文件，如图 4-17 所示。

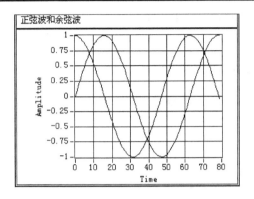

图 4-17 将例 4.1 的波形输出为图片文件

【例 4.2】 设计一个平均数滤波器程序,测量一个信号的电流值并进行滤波处理,以前 5 个点的平均值作为滤波方法,共测量 50 个点,同时显示实际信号和滤波后的信号。

VI 的前面板和程序框图如图 4-18 所示。在程序中,用 Random Number(0～1)节点模拟测量结果。

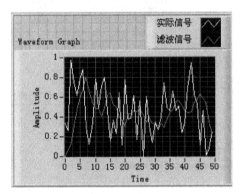

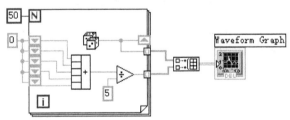

图 4-18 例 4.2 的前面板和程序框图

4.2 Chart 控件

Waveform Chart 的前面板如图 4-19 所示。

从前一节的例子运行中我们看到,Waveform Graph 在接收新数据时,先将已有数据波形完全清除,然后根据新数据重新绘制波形,而且输入是一个双精度浮点数组。而 Waveform Chart 是保存旧数据,新数据依次添加到旧数据后面,波形连续向前推进显示,这种方式能够清楚地观察数据的变化过程,所以输入是双精度浮点数。

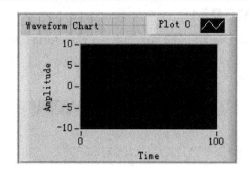

图 4-19　Waveform Chart

Waveform Chart 内置了一个缓冲器,用来保存历史数据并接收新数据,缓冲区容纳不下的旧数据被舍弃。该缓冲区的数据存储方式可以看做是先进先出的队列模式,默认情况下,这个缓冲的大小是 1 KB,即最大数据显示长度为 1024 个。通过 Waveform Chart 右键弹出的快捷菜单中的 Chart History Length…可以设定缓冲区的长度。

绘制单曲线时,Waveform Chart 可以接收的数据格式有数据和数组两种。当输入数据时,曲线每次向前推进一个点;当输入数组数据时,数组每次推进的点数等于数组的长度。绘制多条曲线时,可以接收的数据也是两种,第一种是将每条曲线的一个新数据点(数值)打包成簇,然后输入到 Waveform Chart 中,此时,Waveform Chart 为所有曲线同时推进一个点;第二种是将每条曲线的一个数据点打包成簇,若干个这样的簇作为元素构建数组,再把数组传到 Waveform hart 中。数组中元素个数决定绘制 Chart 时每次更新数据的长度,在这种数据格式下,Waveform Chart 为所有曲线推进多个点。

4.2.1　Waveform Chart 的属性设置

Waveform Chart 控件右键弹出的快捷菜单如图 4-20 所示。该菜单中的大部分选项和 Waveform Graph 快捷菜单中的选项功能基本一样,这里仅介绍特殊的选项。

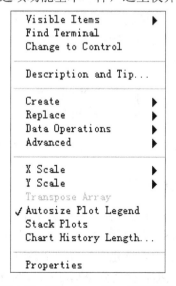

图 4-20　Waveform Chart 弹出菜单

1. Digital Indicator(数字显示)

在 Visible Items 中选择 Digital Indicator 选项后,Waveform Chart 控件将显示一个数字指示器,这个指示器直观地显示最新一个数据的大小,如图 4-21 所示。如果有多条波形,则每条都可以有一个对应的数字指示器。

图 4-21 数字显示和滚动条

2. X Scrollbar(滚动条)

在 Visible Items 中选择 X Scrollbar 选项后,Waveform Chart 控件可以用该滚动条查看缓冲区内前后任意位置的一段数据波形,如图 4-21 所示。而 Waveform Graph 也有该项选项,但是处于无效状态。

3. Stack Plots(多层图)

在绘制多条波形曲线时,默认情况下,Waveform Chart 是在相同的横坐标和纵坐标下显示多条波形曲线。如果这些信号的大小范围相差较大或者量纲不一样,则在相同纵坐标下,会出现信号显示不匹配的情况。Waveform Chart 提供了多层图选项(Stack Plots),允许不同信号在不同的纵坐标设置下进行显示,而且每条曲线的 Y 值可以单独设置,X 轴是共用的。

4. 波形更新模式

Advanced-Update Mode 有 3 种数据的更新模式,如图 4-22 所示。Strip Chart Mode 是默认模式,在这种模式下,波形曲线从左到右绘制,当最新一个数据点超出右边界时,整个波形曲线顺序左移。在 Scope Chart Mode 模式下,波形曲线也是从左到右绘制的,数据到达右边界后,整个曲线被清空,然后从左到右重新绘制波形。在 Sweep Chart Mode 模式下,波形曲线仍是从左到右绘制的,当最新一点超出右边界时,新的数据点从左边界重新开始绘制,原有波形由一条垂直扫描线从左到右逐渐清除,这条清除线随新数据的最后一点移动。

图 4-22 Waveform Chart 的 3 种更新模式

4.2.2 Waveform Chart 使用举例

【例 4.3】 用 Waveform Chart 控件显示两个测量结果的波形输出。

VI 的前面板和程序框图如图 4-23 和图 4-24 所示。从图 4-23 所示的程序框图中可以看到,先对数据点打包,然后每 5 个数据包再组成一个数组,所以是每 5 个点显示一次。图 4-24 中的程序框图是将打包的数据直接送到 Waveform Chart 中,这种方法的波形是通过单个点的平移刷新的。

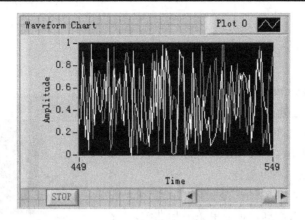
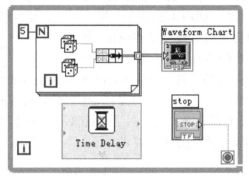

图 4-23　例 4.3 的前面板和程序框图(1)

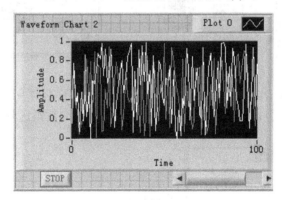
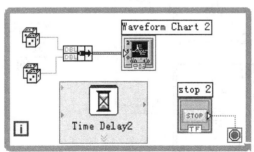

图 4-24　例 4.3 的前面板和程序框图(2)

4.3 XY Graph

XY Graph 与 Waveform Graph 相似,用于显示完整的波形曲线,不同之处是,XY Graph 不要求水平坐标等间隔分布,而且允许绘制一对多的映射关系,其前面板如图 4-25 所示。XY Graph 的属性设置与 Waveform Graph 相似,不再重述。

XY Graph 的 X 轴和 Y 轴都是受控的,绘制一条波形曲线需要两组输入数据,对于单条波形曲线,XY Graph 可以接收两种数据类型,如图 4-26 所示。第一个程序是把两组数据数组打包后送到 XY Graph,此时,两个数据数组里具有相同序号的两个数据组成一

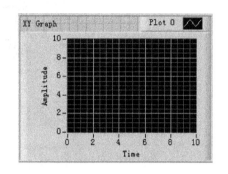

图 4-25 XY Graph

个点,而且第一个数组对应 X 轴,第二个数组对应 Y 轴。使用这种方法,需要确保两组数据长度相同,如果两组数据的长度不一样,XY Graph 以较短长度的数组为参考,较长数组多余的数据被去掉。第二个程序是先把每一对坐标点(X,Y)打包,然后形成数组再送给 XY Graph。在实际显示效果上,两种方法是一样的。

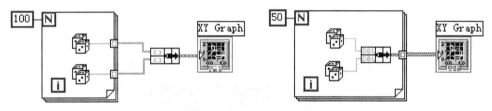

图 4-26 XY Graph 的数据类型

对于显示多曲线的情况,可以接收的数据组织形式如图 4-27 所示。在每个 For 循环的边框上形成两个一维数组,然后分别打包,再形成一个二维数组送到 XY Graph 显示。

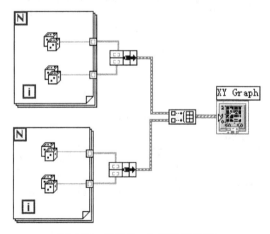

图 4-27 XY Graph 的数据类型

4.4　Express XY Graph

在前面板上添加 Express XY Graph 控件后，框图程序生成如图 4-28 所示的图标。注意到，Express XY Graph 是把普通的 XY Graph 和 Build XY Graph Express VI 绑定在一起，Build XY Graph Express VI 接收 X Input 和 Y Input 两个动态数据类型的输入参数，XY Graph 输出参数直接接入到 XY Graph 指示器绘制波形曲线。

双击 Build XY Graph Express VI 打开其属性对话框，如图 4-29 所示，用于设置是否在每次调用该 VI 时，清空原来的数据。

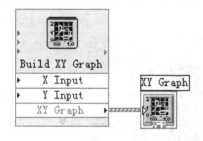
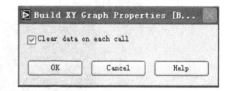

图 4-28　Express XY Graph　　　图 4-29　Build XY Graph Express VI 的属性对话框

【例 4.4】　利用 Express XY Graph 绘制椭圆。

VI 的前面板和程序框图如图 4-30 所示。两个正弦信号的相位分别由两个数值控制器控制。有两种特殊情况：当相位差为 π/2 的偶数倍时，图形是直线；当相位差为 π/2 的奇数倍时，图形是圆形。Sine Waveform.vi 在 All Function→Analyze→Waveform Generation 子模板中。

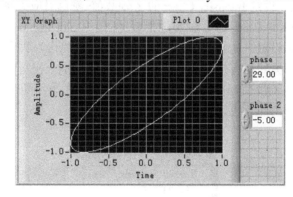

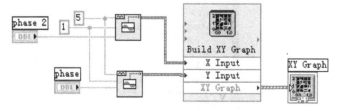

图 4-30　例 4.4 的前面板和程序框图

LabVIEW 自带的利用 Express XY Graph 绘制 Lissajous 的例子在 examples\express 文件夹中。

4.5 Intensity Graph 和 Chart

Intensity Graph 和 Chart 是用于三维数据显示的控件，而且只有一个输入数据端口，连接二维数组，数组的索引值即为三维数据的 X、Y 坐标，Z 坐标是二维数组中的每一个具体数值。

添加到前面板上的 Intensity Chart 如图 4-31 所示。Intensity Chart 与前面介绍的波形显示工具在外形上的最大区别是，Intensity Chart 有标签为 Amplitude 的颜色控制组件，相当于 Z 轴的刻度。

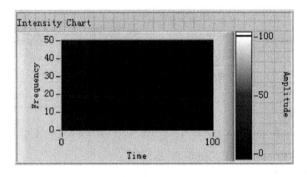

图 4-31　Intensity Chart

在 Intensity Chart 的显示区域里，Z 轴数据采用色块的颜色深度来表示。因此，需要定义数值-颜色的对应表。设定 Intensity Chart 的 Z 轴数值-颜色对应关系有两种方法。

第一种方法：Intensity Chart 的 Z 轴实际上就是一个 Color Ramp 控件，通过其弹出快捷菜单(如图 4-32 所示)来设置。先利用 Add Marker 增加一个刻度，再利用 Marker Color 选择该刻度值对应的颜色。另外还有是否用插值(Interpolate Color)来平滑颜色过渡等操作。如果数值不在颜色条边上的刻度值范围内，超过上界时，显示上方小矩形内的颜色；超出下边界时，显示下方小矩形内的颜色。

图 4-32　利用菜单设置 Z 轴的数值-颜色对应关系

第二种方法：通过 Intensity Chart 的 Color Table 属性节点来改变数值颜色的对应关系。该节点是一个长度为 256 的一维整型颜色数组，索引为 0 的元素定义了越下界的数值对应的颜色，索引为 255 的元素定义了越上界的数值对应的颜色，索引为 1～254 的元素定义了 254 种颜色，传送给 Intensity Chart 的数值基于 Z 轴的刻度范围，映射到这些颜色的索引值上。

Intensity Chart 接收的二维数组与波形显示区域方格位置的具体对应关系是：Y 轴对应数组的行，X 轴对应数组的列。假设定义了数值-颜色对应表(见表 4.1)，输入数组为表 4.2，则在 Intensity Chart 控件的显示结果如表 4.3 所示。输入数组的第 0 行对应 Intensity Chart 的第 1 列，而且各元素对应色块从下到上排列；输入数组的第 1 行对应 Intensity Chart 的第 2 列，同样从下到上排列，其他行的组织方式相同。

表 4.1　数值-颜色对应表

数值	6	11	16	21	33	45	50	62	66
颜色	红	蓝	紫	黄	绿	橙	黑	青绿	灰

表 4.2　输入数组

11	33	50	33
16	6	45	6
66	50	21	62

表 4.3　屏幕显示结果

绿	红	青绿
黑	橙	黄
绿	红	黑
蓝	紫	灰

【例 4.5】　Intensity Chart 的使用。

VI 的前面板和程序框图如图 4-33 所示，由两个 For 循环创建了一个 10×10 的二维数组，横、纵坐标分别与列、行一一对应，然后根据数值-颜色对应关系在 Intensity Chart 中显示，数值超过 100 的显示青绿色。

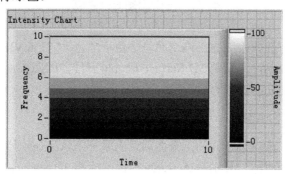

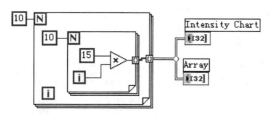

图 4-33　例 4.5 的前面板和程序框图

Intensity Graph 与 Intensity Chart 的用法基本相同，不同之处在于图像刷新方式不同，也就是 Graph 和 Chart 的区别。

4.6 Digital Waveform Graph

有关 Digital Waveform Graph 的用法，下面通过举例进行说明。

【例 4.6】 Digital Waveform Graph 的使用。

VI 的前面板和程序框图如图 4-34 所示，共输入 5 个十进制数，横坐标的序号为 0～8，如果步长是 1，则序号为 0～4，数据从纵方向读出，如 34 的二进制表示为 00100010。

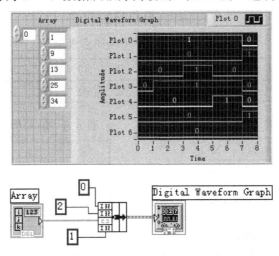

图 4-34　例 4.6 的前面板和程序框图

4.7 三维图形控件

在很多情况下，把数据绘制在三维空间里会更形象生动。LabVIEW 提供了 3 个图形模块来支持三维图形的绘制，分别是 3D Surface Graph(三维曲面图)、3D Parametric Graph(三维参数图)和 3D Curve Graph(三维曲线图)。

4.7.1　3D Surface Graph

三维曲面图用于显示三维空间的一个曲面，它是一个 ActiveX 控件，在前面板添加后，框图程序中将出现两个图标，分别是 ActiveX 控件图标和 3D Surface.vi，如图 4-35 所示。

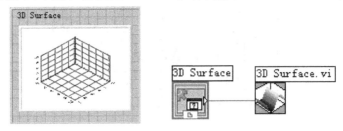

图 4-35　3D Surface Graph

3D Surface 负责图形显示，3D Surface .vi 负责作图。3D Surface.vi 的端口如图 4-36 所示。3D graph 端口是 ActiveX 控件输入端，该端口下面是两个一维数组输入端 x vector 和 y vector，用以输入 X、Y 坐标值，默认情况下的元素值是 0、1、2、…。端口 z matrix 的数据类型为二维数组，用于输入 Z 坐标。3D Surface.vi 在作图时采用描点法。

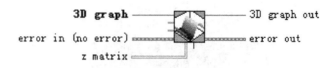

图 4-36　3D Surface.vi 的端口

通过三维曲面控件的快捷菜单可以设置其属性，第一种方法是通过 Property Browser 命令，打开属性浏览对话框(如图 4-37 所示)。对话框分两栏，第一栏是属性名，第二栏是相应的属性值，可以在对话框中直接修改属性值，但有些属性是只读的。

图 4-37　属性浏览对话框

第二种方法是从快捷菜单中选择 CWGraph3D—特性(P)…，将弹出 CWGraph3D 控件的属性设置对话框(如图 4-38 所示)，同时弹出一个小的 CWGraph3D 控件面板。该属性设置对话框包含 7 个选项页，各项属性的含义比较明显，设置方法也很类似。

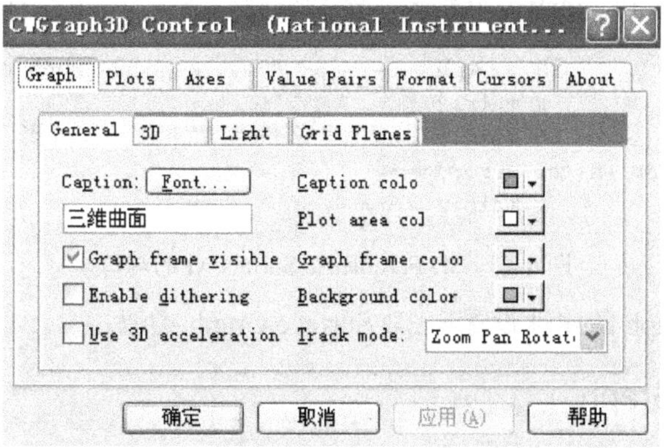

图 4-38　CWGraph3D 控件的属性设置对话框

【例 4.7】　3D Surface Graph 使用举例。

VI 的前面板和程序框图如图 4-39 所示，利用两个 For 循环产生二维数组传给 z matrix 端口。在前面板上，鼠标在 Operate Value 状态下，按下鼠标左键并移动鼠标可以改变观察角度。3D Surface Graph 还可以显示光标，光标可以用于测量曲面上点的坐标，首先要添加光标，方法是利用图 4-38 所示的对话框，在光标设置页 Cursors 中添加。

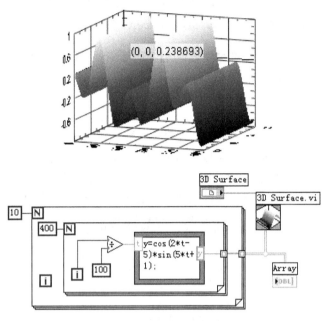

图 4-39　例 4.7 的前面板和程序框图

4.7.2　3D Parametric Graph

3D Surface Graph 可以显示三维空间的一个曲面，但不能显示三维空间的封闭图形，这种情况可以使用三维参数曲面图，即 3D Parametric Graph。与 3D Surface Graph 类似，在前面板添加一个 3D Parametric Graph 控件时，在框图程序中会出现两个图标，一个是 ActiveX 控件图标，另一个是 3D Parametric Surface.vi。3D Parametric Surface.vi 的端口如图 4-40 所示，x matrix、y matrix 和 z matrix 分别表示参数变化时 X、Y、Z 坐标所形成的二维数组。

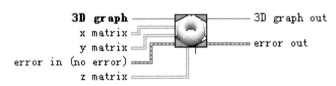

图 4-40　3D Parametric Surface.vi 的端口

3D Parametric Graph 的属性设置与 3D Surface Graph 类似。

4.7.3　3D Curve Graph

三维曲线图 3D Curve Graph 用于显示三维空间的一条曲线。和前面两个控件一样，在前面板添加该控件后，在框图程序中出现两个图标：Active X 控件和 3D Curve.vi 的图标。3D Curve.vi 的端口如图 4-41 所示，x vector、y vector、z vector 分别表示 X、Y、Z 坐标，以数组形式给出。

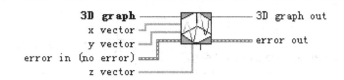

图 4-41 3D Curve.vi 的端口

3D Curve Graph 的属性设置与 3D Surface Graph 类似。

4.8 图形控件(Picture)

除了基本的图表图形控件外，LabVIEW 还提供了 Picture 控件，通过 Picture 控件，用户可以随心所欲地画自己想要的图形。同时基于该 Picture 控件，LabVIEW 还提供了丰富的预定义图形控件用于实现各种曲线图形，比如极坐标图、雷达图、Smith 图、散点图等。这些控件位于 Controls→All Controls→Graph→Controls 子模板中，如图 4-42 所示。

图 4-42 Picture 控件

下面仅以极坐标图为例说明。极坐标图及图标如图 4-43 所示，此处绑定了 Polor Plot.vi。

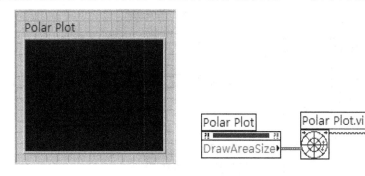

图 4-43 极坐标图及图标

在使用 Polor Plot 时，需要提供以"极径—极角"方式表示的数据点的坐标。Polor Plot.vi 的图标和端口如图 4-44 所示。Data array[mag，phase(deg)]端口连接点列的坐标数组，dimension(w，h)端口设置极坐标的尺寸。在默认设置下，该尺寸等于控件的尺寸，即通过 Picture 控件的属性节点(关于属性节点的内容参见第 8 章)获取 DrawAreaSize 属性，然后将该属性值输入 dimension(w，h)端口。Polor attributes 端口设置 Polor Plot 的图形颜色、网络颜色、显示象限等属性。

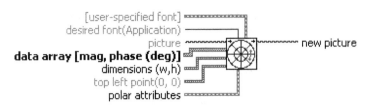

图 4-44　Polor Plot.vi 图标及端口

下面是一个极坐标图使用的例子，前面板和程序框图如图 4-45 所示。Polar attributes 端口提供了基本显示属性，如前面板图右侧，各项属性设置含义为：maximum 表示极径的最大值；minimum 表示极径的最小值，允许是负值，该属性和 maximum 属性共同决定了显示区的大小；clip to min 表示是否按极小值剪裁，如果为真则不显示极径小于 minimum 的图形部分；log?(F)表示是否以对数方式显示坐标；grid color 表示网络的颜色，这里设置为蓝色；plot color 表示网络的颜色，这里设置为桔黄色；format 表示数据格式；precision 表示精度；visible section 表示显示的象限，共有 9 种形式。

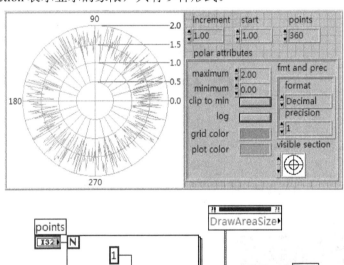

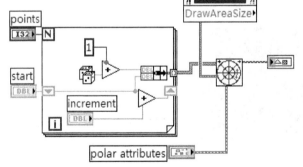

图 4-45　极坐标图的使用

习　题　4

4.1　创建一个 VI，用于实时测量和显示温度，同时给出温度的最大值、最小值和平均值(返回温度测量值使用 LabVIEW\Activity 目录下的 Digital Thermomert.vi 节点)，并可以进行图形缩放和光标控制。

4.2 设计一个平均数滤波器程序，测量一个信号的电流值并进行滤波处理，以前 3 个点的平均值作为滤波方法，共测量 100 个点，同时在一个波形显示中显示滤波前后两波形，滤波前使用红色虚线，滤波后使用绿色实线，并观察波形变化。

4.3 创建一个 VI，绘制圆并使用 XY graph 图形显示节点显示。

4.4 使用循环构建一个 5×10 的数组，在 Intensity Graph 中显示，并分析强度图中颜色分布与数组元素值的对应关系。

第 5 章 字符串和文件 I/O

在仪器控制应用中,数字型数据通常以字符串形式传送,并且 LabVIEW 中有许多内建的字符串节点允许用户处理这些字符串数据。在文件中读/写数据也需要使用字符串。本章将系统介绍字符串控件的使用和文件输入、输出操作。

5.1 字 符 串

字符串是一个字符序列,这些字符有些是可以显示的,有些不可以显示。在 LabVIEW 中,除了通常的字符串应用外,在进行仪器控制操作时,控制命令和数据大都也是按字符串格式传送的。掌握并灵活地应用字符串对编程很重要。

5.1.1 字符串控件

字符串控件和指示器位于 Controls→All Controls→String & Path 子模板中,在 List & Table 子模板中也有 3 个可以输入和显示字符串的控件,即 Table、Tree 和 Express Table,如图 5-1 所示。

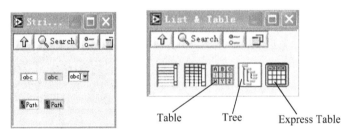

图 5-1 String & Path 子模板和 List & Table 子模板

1. String Control & Indicator

String Control & Indicator 这两个控件实现最基本的字符串操作功能。用户输入或输出字符串,使用操作工具或标签工具可以修改字符串控件中的文本,可以使用位置工具拖动控件一角来缩放字符串控件大小。简单的举例如图 5-2 所示。

图 5-2 String Control & Indicator 的简单使用

2. Combo Box

在 Combo Box 中，可以有多个字符串，每一个字符串是一个条目，并对应一个值，通过图 5-3 所示的例子说明 Combo Box 控件的用法。各个条目通过快捷菜单中的 Edit Items… 命令或者 Properties 中的 Edit Items 选单进行编辑，如图 5-4 所示。

 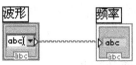

图 5-3　Combo Box 的使用

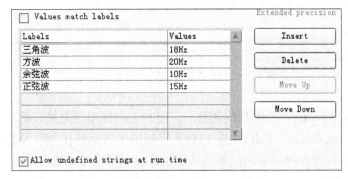

图 5-4　设置 Combo Box 中的各个条目

3. Tree

Tree 控件以树型目录来设置条目，如图 5-5 所示。用户可以通过右键弹出的菜单来设置每一个条目，比如：用户可以将一个条目设置为 Child Only(只能作子目录)，这样在该条目下就不能再有任何子目录。

图 5-5　Tree 结构

4. Table 和 Express Table

表格是由字符串组成的二维数组，其每个单元格可以放一个字符串。快速表格可以很方便地产生二维字符串数组。图 5-6 所示的例子是利用 Build Table Express VI 构造一张表，然后送给 Table Indicator 显示。Time Delay Express VI 设置的值是 2 s，所以每隔 2 秒产生一个随机数。注意，在 Build Table Express VI 的属性设置中需选择 Include time data 项，否则不显示时间。

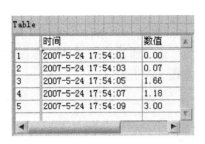 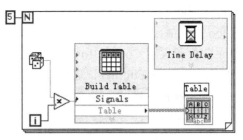

图 5-6　Express Table 的使用

5.1.2　字符串控件的属性

通过字符串控件的快捷菜单可以设置字符串的一些特殊属性。

1．显示方式

在字符串的设置选单中有以下 4 种不同的显示方式：

(1) Normal Display：正常显示，这是默认的显示方式。在这种方式下，制表符、ESC 等字符不显示。

(2) '\' Code Display：反斜杠代码显示。用户可以使用该方式查看正常方式下不可显示的字符代码。在该方式下，LabVIEW 把输入字符串中的反斜杠"\"及其后面的字符作为一种代码。此方式在程序调试和向仪器或其他设备传输字符时比较有用。

(3) Password Display：口令显示。这是一种密码显示方式，用户输入的字符均以"*"显示。

(4) Hex Display：十六进制显示。这种方式在程序调试和 VI 通信时比较有用。

用户可以将字符串和指示器配置为不同的显示类型，如图 5-7 所示。

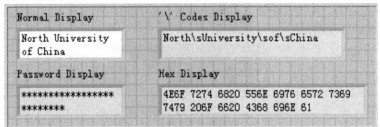

图 5-7　字符串的 4 种显示类型

2．滚动条

为了以较小的字符串控件窗口显示更多的信息，使前面板更简洁，可以使 Visible Items 中的 Scrollbar 有效。如果字符串控件的高度大于两行，在控件的右侧会出现一个垂直的滚动条。

3．Update Value While Typing

当 Update Value While Typing 选项有效时，在程序运行过程中，字符串显示器的内容会随着字符的输入而改变，不需要用户按动键盘上的回车按钮或工具栏的确认按钮进行输入确认，这种特性适用于检验输入的正确性，可以及时为用户提供反馈信息。

5.1.3 基本字符串节点

LabVIEW 提供了许多用于字符串处理的节点,位于节点模板的 String 子模板中(如图 5-8 所示),下面将逐一介绍。

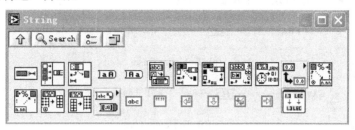

图 5-8 String 子模板

1. String Length

字符串长度节点如图 5-9 所示,该节点返回字符串中字符的个数,以字节为单位,需要注意的是,一个汉字的长度是 2。如果连接到 String 端口上的数据是一个 String 数组,则 Length 端口输出的是一个相同维数的数字数组,数组中的每一个元素表示 String 数组中相应位置元素的字符串长度。

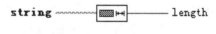

图 5-9 字符串长度节点

2. Concatenate String

连接字符串节点如图 5-10 所示,该节点可以把所有输入的多个字符串按照前后次序合并成一个新的字符串输出,输入可以是单一字符、字符串数组或字符串簇。输入参数的个数可以通过拖动图标的下边沿来添加,或者在图标输入端口的右键弹出的菜单中选择 Add Input。

图 5-10 连接字符串节点

3. String Subset

子字符串节点如图 5-11 所示,该节点用于得到已有字符串的子字符串,参数 offset(偏移量)指定子字符串在原字符串中的起始位置,参数 length 指定子字符串的长度。注意,第一个字符的偏移量为 0。

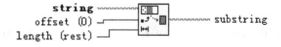

图 5-11 子字符串节点

4. To Upper Case 和 To Lower Case

大小写转换节点如图 5-12 所示，To Upper Case 将输入字符串内的英文字母转换为大写字母；To Lower Case 将输入字符串内的英文字母转换为小写字母。如果字符串中含有非英文字母的字符，则节点不对这些字符做任何处理。

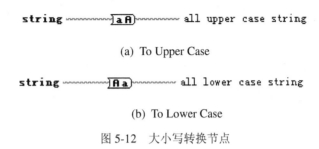

(a) To Upper Case

(b) To Lower Case

图 5-12　大小写转换节点

5. Replace Substring

Replace Substring 节点如图 5-13 所示，其功能是在输入字符串中指定位置插入、删除或替换一个子字符串。如果输入到 length 端口中的数字为 0，则节点会将输入到 substring 端口中的子字符串插入到由 string 端口输入的字符串中，插入位置由 offset 端口决定；若输入到 substring 端口中的是一个空字符串，则节点会从 offset 端口指定的位置删除由 length 端口指定长度的字符；若输入到 substring 端口中的子字符串不是一个空字符串，且输入到 length 端口中的数字大于 0，则节点会用这个子字符串在 offset 端口指定的位置处替换由 length 端口所指定长度的字符串。

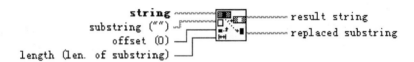

图 5-13　Replace Substring 节点

6. Search and Replace String

Search and Replace String 节点如图 5-14 所示，其功能是将一个或所有指定的子字符串替换为另一个子字符串。节点从 offset 端口指定的位置开始搜索 search string 端口所指定的字符串，然后将搜索到的第一个子字符串替换为由 replace string 端口所输入的字符串。

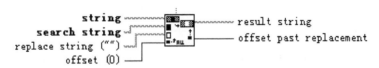

图 5-14　Search and Replace String 节点

7. Match Pattern

Match Pattern 节点如图 5-15 所示，从 offset 开始查找由 regular expression 端口输入的字符串，找到后按照该位置把输入字符串分为三段输出。

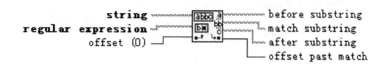

图 5-15　Match Pattern 节点

8. Format Data/Time String

Format Data/Time String 节点如图 5-16 所示，其功能是按照用户指定的格式将一个时间标记值或一个数字值作为时间显示。时间的输出格式见表 5.1。

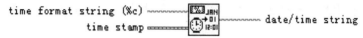

图 5-16　Format Data/Time String 节点

表 5.1　Format Data/Time String 节点的时间输出格式表

格式	含义	格式	含义
%d	显示日期的天值	%a	显示星期值
%m	显示月值	%H	显示 24 小时制的小时制
%y	显示二位的年值	%I	显示 12 小时制的小时制
%Y	显示四位的年值	%M	显示时间分值
%x	按本国习惯显示日期	%S	显示时间秒值
%X	按本国习惯显示时间	%P	显示 AM/PM 标志
%c	按本国习惯显示日期/时间	<digit>	显示小数形式的秒值

9. Scan From String

Scan From String 节点如图 5-17 所示，其功能是扫描从 input string 端口输入的字符串，并将其转换为由 format string 端口指定的格式。当对输入的字符串的格式非常明确时，可以使用该节点。

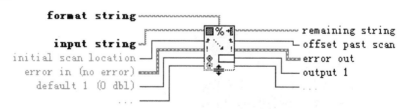

图 5-17　Scan From String 节点

10. Format Into String

Format Into String 节点如图 5-18 所示，其功能是将字符串、数字、路径或布尔量格式化为文本，文本的格式由 format string 端口指定。

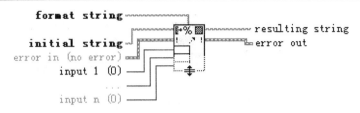

图 5-18 Format Into String 节点

11. Spreadsheet String To Array

Spreadsheet String To Array 节点如图 5-19 所示，其功能是将 spreadsheet string 端口输入的表单格式的字符串数据转换为一个数组，数组的格式由 array type 端口指定。

图 5-19 Spreadsheet String To Array 节点

12. Array To Spreadsheet String

Array To Spreadsheet String 节点如图 5-20 所示，其功能是将一个任意维数的数组转换为一个字符串格式的表格，这个表格包含制表符、列的分隔符、行的终止符 EOL，对于三维或更高维的数组，这个表格还包括分页标识。

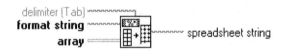

图 5-20 Array To Spreadsheet String 节点

5.1.4 附加字符串节点

除了基本字符串节点，LabVIEW 还提供了一些附加字符串运算节点，利用这些节点可以完成一些较复杂的字符串运算。附加字符串节点位于 Additional String Functions 子模板中，如图 5-21 所示。

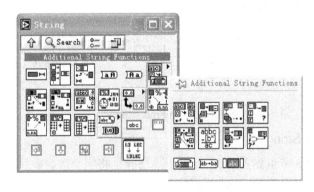

图 5-21 Additional String Functions 子模板

1. Search/Split String

Search/Split String 节点如图 5-22 所示，该节点将输入的字符串从特定的位置分离成两个子字符串，分离位置由 search string/char 端口和 offset 端口共同决定。分离得到的两个子字符串分别从 substring before match 端口和 match+rest of string 端口输出，offset of match 端口输出截断字符串的位置。如果节点没有搜索到由 search string/char 端口指定的字符串，则 offset of match 端口返回 -1，substring before match 端口返回整个字符串，match+rest of string 端口返回一个空字符串。

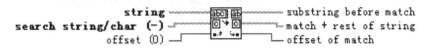

图 5-22　Search/Split String 节点

2. Pick Line

Pick Line 节点如图 5-23 所示，该节点从 multi-line string 端口中输入的多行字符串中提取一指定行，并把这行加到字符串 string 后，组成一个新的字符串从 output string 输出，指定行的位置由 line index 端口决定。

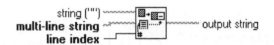

图 5-23　Pick Line 节点

3. Match First String

Match First String 节点如图 5-24 所示，该节点将从 string 端口输入的搜索字符串与从 string array 端口输入的字符串数组中的每一个元素进行比较。如果发现搜索字符串与数组中的某一元素相匹配，则从 index 端口返回该元素的索引值；若没有发现相匹配的元素，则返回 -1，并从 output string 端口输出从 string 端口输入的搜索字符串。

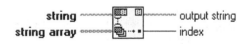

图 5-24　Match First String 节点

4. Match True/False String

Match True/False String 节点如图 5-25 所示，该节点是将从 string 端口输入的字符串与从 true string 端口和从 false string 端口输入的字符串比较，并从 selection 端口返回结果。若与 true string 端口中的字符串匹配，则返回 True；若与 false string 端口中的字符串匹配，则返回 False；如果与这两个字符串都不匹配，也返回 False。

图 5-25　Match True/False String 节点

5. Scan String For Tokens

Scan String For Tokens 节点如图 5-26 所示，该节点从 input string 端口中输入的字符串中搜索特征字符串，并将特征字符串之间的子字符串通过 token string 端口输出。特征字符串一般是关键字、数字或运算符，由 operators 端口和 delimiters 端口指定，搜索的起始位置由 offset 端口决定。

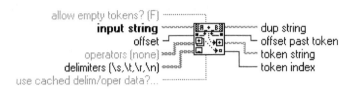

图 5-26 Scan String For Tokens 节点

6. Search and Replace Pattern

Search and Replace Pattern 节点如图 5-27 所示，该节点从 string 端口输入的字符串中搜索与从 regular expression 端口输入的正规表达式相匹配的子字符串，并将 replace string 端口输入的字符串替换搜索到的子字符串。

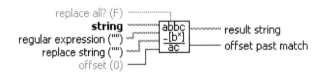

图 5-27 Search and Replace Pattern 节点

7. Index String Array

Index String Array 节点如图 5-28 所示，该节点从 string array 端口输入的字符串数组中取出一个指定的元素，并将其与 string 端口输入的字符串合并成一个新的字符串输出，提取元素的位置由 index 端口决定。

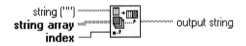

图 5-28 Index String Array 节点

8. Append True/False String

Append True/False String 节点如图 5-29 所示，该节点根据 selector 端口的输入，将字符串"true"或"false"添加到 string 端口输入的字符串中。

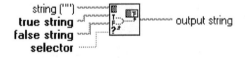

图 5-29 Append True/False String 节点

9. Rotate String

Rotate String 节点如图 5-30 所示，该节点将从 string 端口输入的字符串中的第一个字符放到该字符串的最末尾，其他所有字符依次前移一位。

图 5-30　Rotate String 节点

10. Reverse String

Reverse String 节点如图 5-31 所示，该节点将从 string 输入的字符串中的字符按照从后至前的倒序顺序输出。

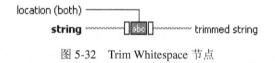

图 5-31　Reverse String 节点

11. Trim Whitespace

Trim Whitespace 节点如图 5-32 所示，该节点删除从 string 端口输入的字符串头部或尾部的空格、回车符及换行符，具体的删除位置由 location 端口指定。location 端口输入值的含义是："0"表示从头部和尾部删除；"1"表示只删除头部；"2"表示只删除尾部。

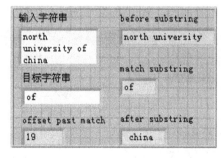

图 5-32　Trim Whitespace 节点

5.1.5　字符串使用举例

【例 5.1】　Match Pattern 节点的使用。

VI 的前面板和程序框图如图 5-33 所示，查找匹配的字符串。

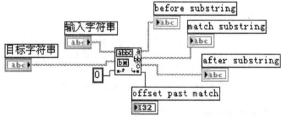

图 5-33　例 5.1 的前面板和程序框图

【例5.2】 Format Into String 节点的使用。

VI 的前面板和程序框图如图 5-34 所示。使用 Format Into String 节点可以同时转换多个数值到字符串,但在 Format String 端口,必须对每一个被转换的数值进行格式说明,数值的顺序由上到下。如果 Format String 端口没有连线,则输出字符串会自动按输入数据类型的默认值格式化。

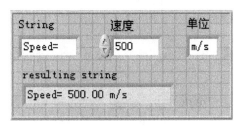

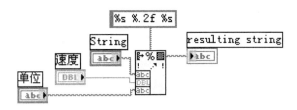

图 5-34 例 5.2 的前面板和程序框图

用鼠标左键双击 Format Into String 节点,或在该节点上右键弹出的菜单中选择 Edit Format String 选项,将弹出图 5-35 所示的对话框。通过对话框可以对字符串格式、数制、小数点精确位数、数据类型及输出字段域宽等进行设置。配置好格式字符串后,单击"OK"按钮,该节点自动产生一个字符串常量,并与 Format String 端口相连。需要注意的是,Current Format Sequence(当前格式化顺序)项是以用户连线顺序显示变量的类型的。在本例中,该项显示了 Format string、Format fractional number 和 Format string 三项输入参数。

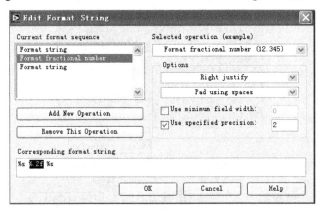

图 5-35 Edit Format String 对话框

【例5.3】 Search/Split String 节点的使用。

VI 的前面板和程序框图如图 5-36 所示,图 5-36(a)是指定了要搜索的字符串 of;图 5-36(b)是直接指定截断字符串的位置。

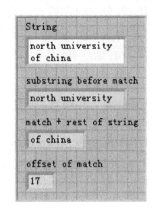 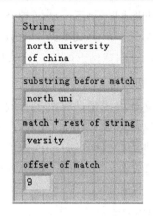

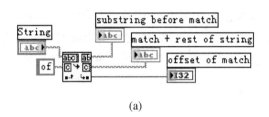 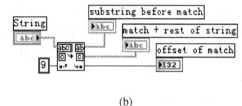

(a)   (b)

图 5-36 例 5.3 的前面板和程序框图

5.2 文件的输入/输出

文件输入/输出(I/O)操作用于从磁盘文件中存储或读取数据。这些操作通常包括三个基本步骤：

(1) 打开现存文件或创建一个新文件；
(2) 写入或读取文件；
(3) 关闭文件。

LabVIEW 支持以下几种文件类型用于数据的输入和输出：电子表格文件、文本文件、二进制文件、数据记录文件、波形文件以及 LabVIEW 测试文件。

1．电子表格文件

电子表格文件以 ASCII 码的格式来存储数据，是一种特殊的文本文件。与普通文本文件不同的是，文件格式中做了一些特殊的标记，例如用制表符来作段落标记，以便让一些电子表格处理软件(如 Microsoft Excel)直接读取并处理数据文件中存储的数据。

2．文本文件

文本文件是用由 ASCII 码组成的文本数据流存成的文件格式。这种文件格式的优点是通用性强，即文件的内容可以被 Microsoft Word、Microsoft Excel 以及 Windows 自带的记事本等应用程序直接读取，并且这种文件类型最容易进行文件转换。

该文件格式的弱点表现在三方面：第一，用这种格式保存和读取文件的时候需要进行文件格式转换，例如，读取文本文件时，要将文本文件的 ASCII 码转换为计算机可以识别的二进制代码格式，存储文件的时候也需要将二进制代码转换为 ASCII 码的格式，因而需要花费额外的时间；第二，用这种格式存储的文件占用的磁盘空间比较大，存储的速度相对比较慢；第三，对于文本类型的数据，不能随机访问其中的某个数据，这样当需要找到文件中某个位置的数据的时候，需要把这个位置之前的所有数据全部读出来，效率比较低。

3．二进制文件

二进制文件格式是计算机上存取速度最快，格式最为紧凑，冗余数据比较少的一种文件格式。用这种格式存储文件，占用的空间要比文本文件小得多，并且用二进制格式存取数据不需要进行格式转换，因而速度快，效率高。但是用这种格式存储的数据文件无法被一般的字处理文件，如 Microsoft Word 读取，无法被不具备详细文件格式信息的程序读取，因而其通用性较差。

4．数据记录文件

数据记录文件是一种二进制文件，只是在 LabVIEW 等 G 语言中这类型的文件扮演着比较重要的角色，所以在这里为其建立了一个独立的类型。数据记录文件只能被 G 语言，如 LabVIEW 读取，它以记录的格式存储数据，一个记录中可以存放几种不同类型的数据，或者可以说一个记录就是一个"簇"。

5．波形文件

波形文件是一种特殊的数据记录文件，它记录了发生波形的一些基本信息，如波形发生的起始时间、采样的间隔时间等。

6．LabVIEW 测试文件

LabVIEW 测试文件是一种只有 LabVIEW 才能读取的文件格式，后缀为 lvm，适合于只用 LabVIEW 访问的文件，这种文件的特点是使用简单方便。

5.2.1 文件 I/O 节点简介

LabVIEW 提供了很多处理文件 I/O 操作的 VI 和节点，它们位于 Functions→All Functions→File I/O 子模板中，如图 5-37 所示。利用这些 VI 和节点可以进行文件的打开和关闭、文件的读与写、创建新文件、删除、移动和拷贝文件，还可以执行查看文件及目录列表等一系列操作。

File I/O 子模板分为 3 个层次，即 High-level VIs、Low-level VIs 和 Advanced VIs。

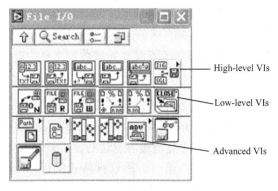

图 5-37 File I/O 子模板

1. High-level VIs

在一般的操作中，High-level VIs 是最常用的文件 I/O 节点，能够基本满足用户的需求，可以分为电子表格读/写、直接读/写字符串及二进制文件读/写 3 种文件格式操作。

1) Write To Spreadsheet File.vi

Write To Spreadsheet File.vi 节点如图 5-38 所示，该节点可以将数值组成的一维或者二维数组转换成文本字符串，写入一个新建文件或已有文件。如果文件已经存在，则用户可以选择把数据追加到原文件数据之后，也可以选择覆盖原文件；如果文件不存在，则创建新文件。该 VI 在写入数据之前会先打开或者新建文件，写入完成后会关闭文件。该 VI 可以用于创建能够被大多数电子表格软件读取的文本文件。

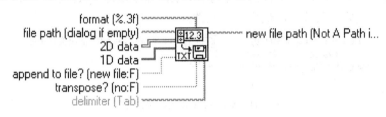

图 5-38 Write To Spreadsheet File.vi

file path 端口指明写入文件的路径，可以直接输入一个文件路径(包括文件名)。如果指定的文件存在，则打开该文件；如果不存在，则创建以该文件名命名的新文件。如果 file path 的值为空或是非法的路径，则在运行时 LabVIEW 会弹出对话框，让用户选择或创建文件。append to file 端口确定是否在原有文件数据后追加写入数据。

【例 5.4】 使用 Write To Spreadsheet File VI，将一个二维数组写入电子表格文件。

框图程序如图 5-39 所示，将创建的 2 行 4 列的二维数组与 Write To Spreadsheet File VI 节点的 2D data 端口相连，append to file 端口设置为 True，运行程序，选择要写入数据的文件，则将二维数组写入已有文件中。

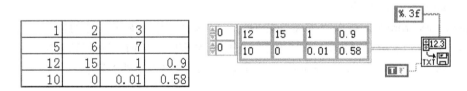

图 5-39 例 5.4 的数据文件和框图程序

2) Read From Spreadsheet File.vi

Read From Spreadsheet File.vi 节点如图 5-40 所示，该节点打开一个电子表格文件，从数字文本文件中指定的字符偏移量开始，读取指定行数的数据，并将这些数据转换成一个二维的单精度数字型数组，读完后关闭文件。注意，必须保证这个电子表格文件的所有字符串全部是由有效的数值字符组成。numbers of rows 端口指定读取的最多行数，电子表格的一行是以一个回车符和一个换行符来结束的，如果这个值小于 0，则该 VI 将读取整个文件的数据。Mark after read 指定读取完毕后文件标志所在的位置，它在最一个读出的字符紧邻的下一个字节处。

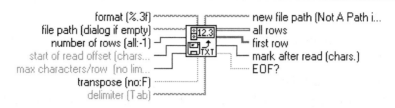

图 5-40 Read From Spreadsheet File.vi

3) Write Characters To File.vi

Write Characters To File.vi 节点如图 5-41 所示，该节点用于将一个从 character string 输入的字符串写入一个文件。如果该文件不存在，则按指定路径新建一个文件。该 VI 首先打开或新建文件，然后写入数据，最后关闭文件。

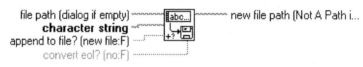

图 5-41 Write Characters To File.vi

4) Read Characters From File.vi

Read Characters From File.vi 节点如图 5-42 所示，该节点用于从某个文件的指定位置 (start of read offset)开始读取指定个数(numbers of characters)的字符。注意，如果 numbers of characters 为 −1，就读取整个文件的数据。

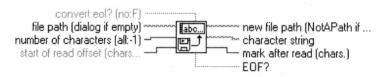

图 5-42 Read Characters From File.vi

5) Read Lines From File.vi

Read Lines From File.vi 节点如图 5-43 所示，该节点用于从某个文件的指定位置(start of read offset)开始读取指定行数(number of lines)的行字符串。该 VI 打开或新建文件，读取数据后关闭文件。注意，若 number of lines 小于 0，则读取整个文件的数据。

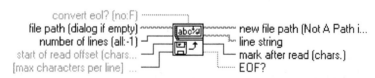

图 5-43 Read Lines From File.vi

6) Binary File VIs

Binary File VIs 模板上包含能够从二进制文件中读取或向二进制文件中写入 16 比特(一个字)整数及单精度浮点数的 VI。

2. Low-level VIs

所谓低层文件操作节点是指只具有单一文件操作功能的节点。基本的文件操作包括对文件进行打开、新建、读、写以及关闭等。学习低层文件操作节点可以更好地了解基本的文件 I/O 操作过程。

1) Open/Create/Replace File.vi

Open/Create/Replace File.vi 节点如图 5-44 所示，该节点用于打开或替换一个已存在的文件，或者创建一个新文件。file path 端口用于指定被操作文件的路径，如果该端口没有连接，则运行时 VI 会弹出一个文件对话框让用户指定。该节点的操作类型(打开、新建还是覆盖)由 function 端口的参数值确定，其含义如下：

0：打开一个已经存在的文件，如果文件不存在则返回一个错误代码；

1：打开一个文件，若不存在则创建一个新文件；

2：创建一个新文件或覆盖一个已存在文件；

3：创建一个新文件，若与其他文件同名则返回一个错误代码。

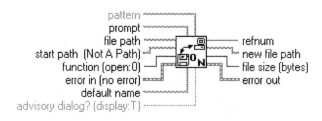

图 5-44　Open/Create/Replace File.vi

2) Read File.vi

Read File.vi 节点如图 5-45 所示，该节点用于从已经打开的文件中读取数据，它读取数据的位置由输入参数 pos mode 和 pos offset 决定，数据从 data 输出。如果用户连接了 pos offset，则 pos mode 默认为 0，此时 pos offset 是相对于文件开始处的偏移量；如果用户没有连接 pos offset，则默认为 2，此时操作从当前的文件标志(file mark)处开始。pos mode 参数对应的代码含义如下：

0：开始处，指从文件的开始处加上 pos offset 后的位置开始操作。如果 pos mode 为 0，则 pos offset 应该为正数；

1：结束处，指从文件的结束处加上 pos offset 后的位置开始操作。如果 pos mode 为 1，则 pos offset 应该为负数；

2：当前处，指从当前文件标志(file mark)处加上 pos offset 后的位置开始操作。

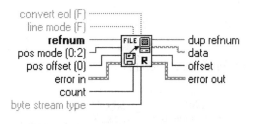

图 5-45　Read File.vi

Line mode 和 count 两个参数决定读取的数据量，其含义见表 5.2。注意，输入参数 line mode 仅在读取文本文件时起作用，在读取二进制文件时，不能连接此参数。

表 5.2　由 line mode 和 count 决定的读文本文件数据的方式

count \ line mode	line mode 为 TRUE	line mode 为 FALSE
count 没有连接或其值为 0	读数据，直到遇到一个行结束符或文件结束符	不读数据，或读取的数据量为 0
count 值大于 0	读数据，直到已读的数据单元的个数等于 count 的值，或遇到行结束符/文件结束符	

3) Write File.vi

Write File.vi 节点如图 5-46 所示，该节点用于把数据写入到已经打开的文件中，写数据的位置由输入参数 pos mode 和 pos offset 决定，数据从 data 输出。参数 pos mode 和 pos offset 的含义与 Read File.vi 的含义基本一致。

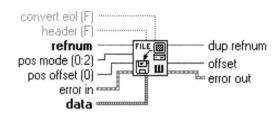

图 5-46　Write File.vi

4) Close File.vi

Close File.vi 节点如图 5-47 所示，该节点可以关闭 refnum 所指的文件。注意，Error I/O 对该 VI 来说是单独操作的，所以无论 error in 中是否有错误信息输入(即前面的操作是否有错误产生)，该 VI 都会执行关闭文件操作。这样能够保证文件总是被正确关闭。

关闭一个文件要进行的步骤如下：
(1) 把在缓冲区里的文件数据写入物理存储介质中；
(2) 更新文件列表信息，如文件最后修改的日期等；
(3) 释放 refnum。

图 5-47　Close File.vi

3. Advanced VIs

在 Advanced File Functions 子模板上包含很多文件操作节点，这里介绍常用的一些节点。

1) 打开文件(Open File)

Open File 节点如图 5-48 所示，该节点是打开文件操作最基本的一个节点，既可以用来打开文本文件和二进制文件，也可以打开数据记录文件。一个文件打开后，后续的程序可以用这个节点返回的标识号对这个文件进行操作。

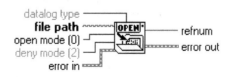

图 5-48　Open File

datalog type 端口：当该端口有数据连线时，表明打开的是一个数据记录文件，反之默认为文本文件或二进制文件。

open mode (0)端口定义了打开文件的方式。当 open mode=0 时，可以对打开的文件进行读/写操作；当 open mode=1 时，只能对打开的文件进行读操作，而不能进行修改。如果文件不存在，则返回一个错误代码。

deny mode(2)端口用于设定其他用户同时操作文件的权限。如果为 0，则禁止其他用户与当前用户同时读或写文件；如果为 1，则禁止其他用户在同一时间对此文件执行写操作；如果为 2，则允许其他用户与当前用户同时读/写文件。

2) 创建新文件(New File)

New File 节点如图 5-49 所示，该节点用于创建一个新文件，并使之处于打开状态，以备读/写。datalog type 可以连接任何数据类型，但是，当这个输入端口有数据连线时，说明创建的文件是数据记录文件。deny mode(2)端口的设置方法同 Open File 节点。如果输入的文件已经存在，且参数 overwrite 为 True 时，则覆盖该输入文件；如果 overwrite 为 False，则返回一个错误代码。

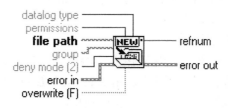

图 5-49　New File

3) 清空文件缓冲区(Flush File)

与 C 语言文件操作一样，当向文件写数据时，数据是先存放在一个缓冲区里而不是直接写入物理存储介质的，只有当缓冲区满或文件关闭时才执行真正的物理写操作，这样可以减少对磁盘的操作频率并提高文件读写速度。Flush File 节点(如图 5-50 所示)强迫缓冲区的数据写入到物理存储器中，但它并不关闭文件。

图 5-50　Flush File

4) 删除文件(Delete.vi)

Delete.vi 节点如图 5-51 所示，该节点用于删除由 path 输入的文件或目录。如果一个目录为空或用户没有写文件权限，则删除操作无效，且 error out 返回一个错误代码。

图 5-51　Delete.vi

5) 移动文件(Move.vi)

Move.vi 节点如图 5-52 所示，该节点用于把一个文件从源位置(source path)移到目标位置(target path)。操作完成后，原文件被删除。

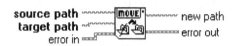

图 5-52 Move.vi

6) 复制文件(Copy.vi)

Copy.vi 节点如图 5-53 所示，该节点用于把文件从源位置复制一份到目标位置，即进行一个文件拷贝，操作完成后，原文件仍存在。

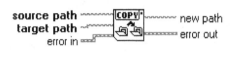

图 5-53 Copy.vi

5.2.2 电子表格文件的输入/输出

LabVIEW 提供了两个 VI 用于存储和读取电子表格文件，分别是 Write To Spreadsheet File.vi 和 Read From Spreadsheet File.vi。

【例 5.5】 电子表格文件的输入。

VI 的程序框图如图 5-54 所示，该程序在 e 盘新建了名为 new.xls 的文件，并将 For 循环产生的正弦和余弦数据存储到该文件中。用 Microsoft Excel 打开这个文件，可以发现文件中有两行，第一行是余弦数据，第二行是正弦数据。

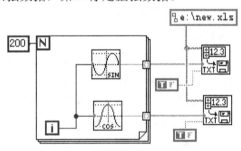

图 5-54 例 5.5 的程序框图

【例 5.6】 电子表格文件的输出。

VI 的程序框图如图 5-55 所示，用 Read From Spreadsheet File.vi 读取例 5.5 中存储的文件。需要注意的是：Read From Spreadsheet File.vi 默认的读取数据定位符号是 TAB，如果在写电子表格时用了其他的定位符号，需要在 Read From Spreadsheet File.vi 的 delimiter 数据端口加以设置。

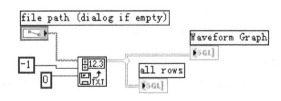

图 5-55 例 5.6 的程序框图

5.2.3 文本文件的输入/输出

文本文件是一种以 ASCII 形式存储数据的文件格式，它存储数据的数据类型为字符串。在 LabVIEW 中，对文本文件的存取是通过 Write Characters To File.vi 和 Read Characters From File.vi 来完成的。由于写文本文件操作的对象是以字符串形式存储的数据，因而在用 Write Characters To File.vi 将数据存储到文本文件前要先将数据转换为字符串。

【例 5.7】 Write Characters To File.vi 的使用。

VI 的程序框图如图 5-56 所示，该程序使用了 For 循环结构和堆叠的顺序结构，调用 Format Into String 节点将正弦数据转换为字符串，并保留两位的精度。运行程序，可以在 e 盘找到名为 new.dat 的数据文件，用 Windows 的记事本程序打开，记事本中会显示 100 个正弦数据，每个数据精确到小数点后有两位。

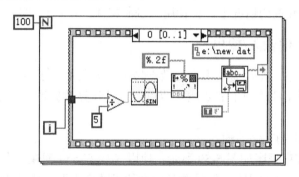

图 5-56 例 5.7 的程序框图

用 Microsoft Excel 打开这个数据文件，绘制波形，如图 5-57 所示。通过这个例子说明，电子表格文件实质是一种特殊的文本文件。

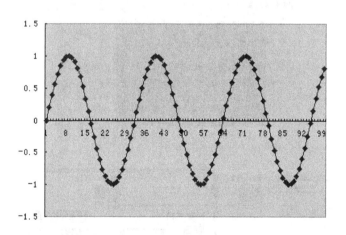

图 5-57 用存储的文本文件中的正弦数据在 Excel 中绘图

【例 5.8】 Read Characters From File.vi 的使用。

VI 的程序框图如图 5-58 所示，将例 5.7 产生的 new.dat 数据文件读出来，运行程序，new.dat 文件中的数据以字符串的格式读出，并作为一个字符串来存储。

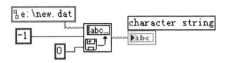

图 5-58 例 5.8 的程序框图

由以上的例子可以看出，ASCII 文件的特点是：

(1) 无论读还是写都需要进行数据转换。数据转换是需要时间的，特别是当数据块比较大的情况。因此，在数据采集速率较高的场合，不宜使用 ASCII 码文件存储数据。如果数据采集速率很高，写文件不及时，则会产生数据丢失现象，即数据文件只记录了部分数据。

(2) 体积大。在 ASCII 码文件中，一个字符要占用一个字节空间，比较浪费。比如，一个拥有 10 个数字的整数，在 ASCII 码文件中要占用 10 个字节，而在内存中表示这个整数只需要两个字节而已。ASCII 码文件的可读性是以牺牲磁盘空间为代价的。

在数据采集速率较高的情况下，宜使用二进制文件。

5.2.4 二进制文件的输入/输出

二进制文件体积小，在存储时不需要数据转换，尤其适合于数据量巨大，数据采集速率高的场合。二进制文件的输出需要注意两点：一是计算数据量；二是必须知道存储文件时使用的数据类型。

【例 5.9】 二进制文件的输入。

VI 的前面板和程序框图如图 5-59 所示，使用 New File.vi 创建一个新文件，通过 While 循环采集数据并将数据写入文件。信号源是一个随机数产生器，通过 For 循环将随机数组成数组，在存储数据时，是将双精度数组数据直接写入文件的，而没有经过数据转换，因此，写二进制文件的速度很快。

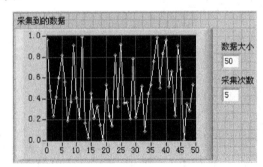

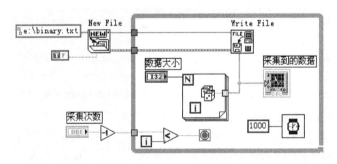

图 5-59 例 5.9 的前面板和程序框图

【例 5.10】 二进制文件的输出。

VI 的前面板和程序框图如图 5-60 所示,该例是安装 LabVIEW 后自带的例程,用户可以按照路径 examples\file\smplfile.llb\Read Binary File VI 找到该 VI。

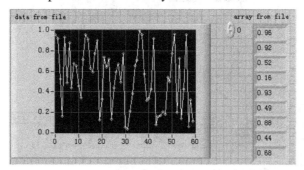

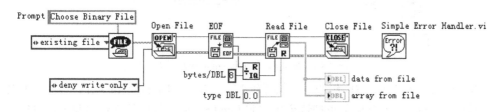

图 5-60 例 5.10 的前面板和程序框图

该程序由 3 部分组成:

(1) 选择要读取的文件并打开。使用的 VI 是 File Dialog 和 Open File。

(2) 利用 EOF.vi 计算文件长度,并根据所使用的数据类型的长度计算出数据量,本例中的数据类型为双精度数据,每个双精度数据占用 8 个字节,所以数据量等于文件长度除以 8。使用 Read File.vi 读取数据时,必须指定数据类型,方法是将所需类型的数据连接到 Read File.vi 的 datalog type 端口。

(3) 关闭文件并检查可能产生的错误。使用的 VI 是 Close File 和 Simple Error Handler.vi。

5.2.5 数据记录文件的使用

前面介绍的文件输入/输出都是针对存取的数据是单一数据类型的情况,数据类型是字符型或数值型,但是当要存储和读取不同数据类型的数据时,文件的存储和读取将变得非常复杂,文件的输入和输出要耗费大量的时间作各种数据类型转换。为此,LabVIEW 提供了一种被称为数据记录(datalog)类型的文件格式来解决存储不同类型数据问题。

数据记录文件存储数据的方法与数据库文件相似,是把数据作为由相同结构的记录组成的一个序列来保存。每一行是一个记录(record),每一个记录都必须含有相同的数据结构。LabVIEW 把每一个记录作为一个簇写入文件,记录的每一个组成元素可以是任何类型的数据,这由用户在创建文件时决定。

使用数据记录文件只需要极少量的操作,这使读取和写入速度非常快。它还简化了数据获取的方式,因为 LabVIEW 创建数据记录文件时,会按顺序给各个记录指定一个 record number,用户可以根据 record number 来访问所需的任何一个记录,这就使随机访问又快又简便。如果不需要把文件存储成可供其他软件访问的格式，则推荐使用数据记录文件格式。下面是一个 LabVIEW 自带的使用 datalog file 存储数据的例子，见图 5-61。

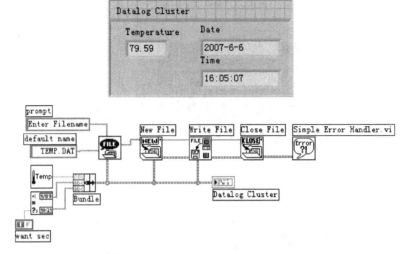

图 5-61　Simple Temple Datalogger VI

该 VI 将温度值和日期时间组成一个簇送给 New File 的 datalog type 端口，说明创建的文件是数据记录文件。Write File 节点把这个簇按照 File Dialog 中指明的文件名和地址进行存储。

5.2.6　波形文件的使用

从本质上讲，波形文件是一种特殊的数据记录文件，由采样开始时间、采样间隔时间及采样数据组成。在 LabVIEW 函数模板 Waveform 子模板中的 Waveform File I/O 子模板中有专门用于波形输入和输出的 VI，如图 5-62 所示。

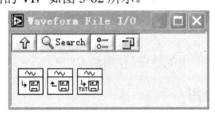

图 5-62　Waveform File I/O 子模板

图 5-62 中的 VI 按照顺序依次是：

(1) Write Waveforms to File.vi：该 VI 创建一个新的文件或是打开已有文件，写入指定数量的记录，然后关闭文件并检查错误。每个记录都是由一个 waveform 组成的数组。

(2) Read Waveform from File.vi：该 VI 打开一个由 Write Waveforms to File.vi 创建的文件，读出文件的记录。每个记录可能包含一个或多个不同的 Waveform。

(3) Export Waveforms to Spreadsheet File.vi：该 VI 把 waveform 转换成文本字符串，并把它写入到一个新的字节流文件中，或把该字符串追加到一个已有的文件中。

【例 5.11】　Waveform File I/O 的简单使用。

VI 的前面板和程序框图如图 5-63 所示，该程序使用 Write Waveforms to File.vi 存储波形数据文件，使用 Read Waveform from File.vi 读取波形文件。

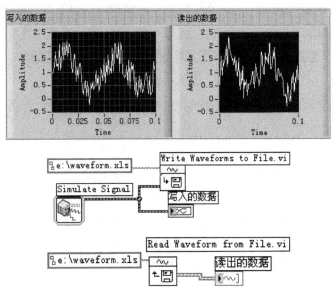

图 5-63 例 5.11 的前面板和程序框图

5.2.7 LabVIEW 测试文件的使用

测试数据文件的读写相对容易，LabVIEW 提供了两个 Express VI 用来完成对测试数据的读写，它们是 Write LabVIEW Measurement File 和 Read LabVIEW Measurement File，使用时只要进行简单的设置。

【例 5.12】 Write/Read LabVIEW Measurement File Express VI 的使用。

VI 的前面板和程序框图如图 5-64 所示，本例包含两个小程序，Write LabVIEW Measurement File 节点位于 Functions→output 子模板中，Read LabVIEW Measurement File 节点位于 Functions→input 子模板中。

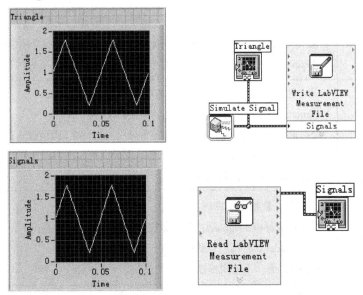

图 5-64 例 5.12 的前面板和程序框图

将 Write LabVIEW Measurement File 放置在框图程序中时会弹出如图 5-65 所示的对话框，各项属性设置见表 5.3。

图 5-65 Write LabVIEW Measurement File 的属性对话框

表 5.3 Write LabVIEW Measurement File 属性设置说明

选 项	说 明
File name	指定测试数据文件的存储路径
Action	设定存储时的相关操作如下： Save to one file：将所有数据保存到一个文件中； Ask user to choose file：运行时弹出对话框提示用户选择文件； Ask only once：只提示用户一次； Ask each iteration：在 Express VI 每次运行时都提示用户选择文件； Save to series of files(multiple files)：将数据存入一系列文件中； Settings：设定系列文件的命名规则和创建规则
If a file already exists	用户指定的文件已存在时执行的操作： Rename existing file：重命名已经存在的文件； Use next available name：使用下一个可用的文件名，此项设定针对于系列文件； Append to file：将数据粘贴到已经存在的文件尾部； Overwrite file：覆盖已有文件
Segment Headers	设置每个数据段的标题。 One header per segment：每个数据段都拥有自己的标题； One header only：所有数据拥有一个标题； No headers：不使用标题

续表

选 项	说 明
X Value Columns	设置 X 轴数据的存储属性： One column per channel：存储时，每个通道的数据组成一列。存储数据时可以同时存储数据的时间信息，即 X 轴数据，如果选择 One column per channel，则每个通道的数据都拥有自己的 X 轴数据； One column only：所有通道使用同一个 X 轴数据列； Empty time column：不存储时间信息
Delimiter	存储数据时使用的分隔符： Tab：使用 Tab 符号作为分隔符； Comma：使用逗号作为分隔符
File Description	文件的描述信息，该信息将被添加到数据文件的标题中

将 Read LabVIEW Measurement File 放置在框图程序中时会弹出如图 5-66 所示的对话框，各项属性设置见表 5.4。

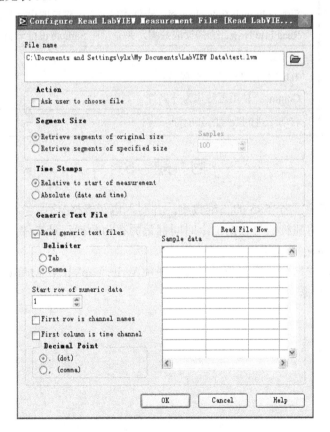

图 5-66　Read LabVIEW Measurement File 的属性对话框

表 5.4　Read LabVIEW Measurement File 属性设置说明

选　项	说　　明
File name	指定测试数据文件的存储路径
Action	节点运行时执行的操作： Ask user to choose file：弹出对话框提示用户选择测试数据文件
Segment Size	设置读取数据段的大小： Retrieve segments of original size：按原始大小读取数据段； Retrieve segments of specified size：指定数据段的大小； Samples：数据段的大小，以数据段计
Time Stamps	设置时间格式： Retrieve to start of measurement：使用相对时间，测试开始时间为零点； Absolute(data and time)：显示绝对时间
Generic Text File	从通用文本文件中读取数据： Read generic text files：从通用文本文件中读取数据； Start row of numeric data：指明数据开始的列； First row is channel names：告诉程序文本文件中的第一列为通道名； First column is time channel：告诉程序文本文件中的第一列为时间数据； Read File Now：立即读取数据，并显示在 Sample data 表格中
Delimiter	指明数据的分隔符： Tab：使用 Tab 作为分隔符； Comma：使用逗号作为分隔符
Decimal point	指明十进制数据的分位符

习　题　5

5.1　创建 VI 产生一个 5×5 的二维数组，并写入电子表格文件。

5.2　创建 VI，将随机信号数据加上时间标记另存为数据记录文件，然后从数据记录文件中读出数据并显示在前面板。

5.3　创建 VI，先产生一个三角波，然后使用 Write LabVIEW Measurement File 节点将波形数据写入测试数据文件。

第 6 章 数 据 采 集

随着计算机的广泛应用和总线技术的快速发展,基于 PC 的数据采集(Data Acquisition,以下简称 DAQ)显得更为重要,它是计算机与外部物理世界连接的桥梁。数据采集是 LabVIEW 的核心技术之一,LabVIEW 提供了丰富的数据采集软件资源,使其在测量领域发挥强大的功能。

6.1 数据采集基础

6.1.1 DAQ 系统的构成

DAQ 系统的基本任务是物理信号的产生或测量,但是要使计算机系统能够测量物理信号,必须要使用传感器把物理信号转换成电信号(电压或者电流信号)。有时不能把被测信号直接连接到 DAQ 卡,而必须使用信号调理辅助电路,先将信号进行一定的处理。总之,数据采集是借助软件来控制整个 DAQ 系统的,其中包括采集原始数据、分析数据、给出结果等。

图 6-1 所示为插入式 DAQ 卡,除此以外,还有外接式 DAQ 系统。这样,就不需要在计算机内部插槽中插入板卡,此时,计算机与 DAQ 系统之间的通信可以通过各种不同的总线,如并行口或者 PCMCIA 等来完成。这种结构适用于远程数据采集和控制系统。

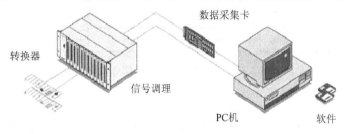

图 6-1 典型的数据采集系统

转换器(传感器)感应物理现象并生成数据采集系统可测量的电信号。例如,热电偶、电阻式测温计(RTD)、热敏电阻器和 IC 传感器可以把温度转变为模拟/数字转化器(analog-to-digital,ADC)可测量的模拟信号。其他例子包括应力计、流速传感器、压力传感器等,它们可以相应地测量应力、流速和压力。在所有这些情况下,传感器可以生成和它们所检测的物理量呈比例的电信号。

为了适合数据采集设备的输入范围,由传感器生成的电信号必须经过处理。为了更精确地测量信号,信号调理配件能放大低电压信号,并对信号进行隔离和滤波。此外,某些传感器需要有电压或电流激励源来生成电压输出。

6.1.2 信号调理

当测量某一物理现象时，传感器将被测试对象转换为电信号，比如电压或电流。从传感器得到的信号并不一定适合 DAQ 系统，大多要经过调理才能进入数据采集设备，如图 6-2 所示。

图 6-2 信号调理的作用示例

信号调理功能包括放大、隔离、滤波、激励、线性化等。由于不同传感器有不同的特性，因此，除了这些通用功能，还要根据具体传感器的特性和要求来设计特殊的信号调理功能。常见传感器或信号的信号调理系统如图 6-3 所示，本节将介绍信号调理的基本功能。

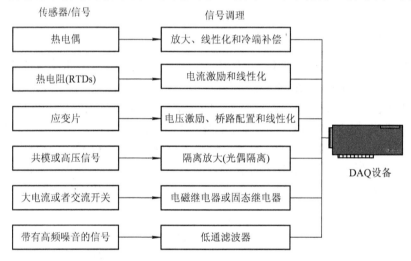

图 6-3 常见传感器或信号的信号调理系统

1. 放大

微弱信号都要进行放大，以提高分辨率和降低噪声，使调理后信号的电压范围和 A/D 的电压范围相匹配。信号调理模块应尽可能地靠近信号源或传感器，以使信号在受到传输信号的环境噪声影响之前已被放大，使信噪比(SNR)得到改善，如图 6-4 所示。

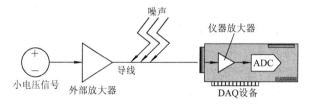

图 6-4 信号放大的方法

2. 隔离

隔离是指使用变压器、光或电容耦合等方法在被测系统和测试系统之间传递信号，避免直接的电连接。使用隔离的原因有两个：一是从安全的角度考虑；一是隔离可使从数据采集卡读出来的数据不受地电位和输入模式的影响。如果数据采集卡的地与信号地之间有电位差，而又不进行隔离，那么就有可能形成接地回路，引起误差。常见的隔离方法如图6-5 所示。

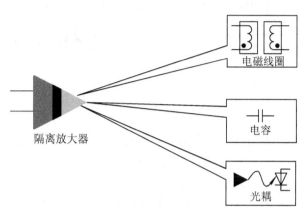

图 6-5　信号隔离的方法

3. 滤波

滤波的目的是从所测量的信号中除去不需要的成分。大多数信号调理模块有低通滤波器，用来滤除噪声。通常还需要抗混叠滤波器，滤除信号中感兴趣的最高频率以上的所有频率的信号。某些高性能的数据采集卡自身带有抗混叠滤波器。

4. 激励

信号调理也能够为某些传感器提供所需的激励信号，比如应变传感器、热敏电阻等需要外界电源或电流激励信号。很多信号调理模块都提供电流源和电压源以便给传感器提供激励。

5. 线性化

许多传感器对被测量的响应是非线性的，因而需要对其输出信号进行线性化，以补偿传感器带来的误差。目前的趋势是，数据采集系统利用软件来解决这一问题。

6.1.3　输入信号类型

数据采集前，必须对所采集的信号的特性有所了解，因为不同信号的测量方式和对采集系统的要求是不同的，只有了解被测信号，才能选择合适的测量方式和采集系统配置。

任意一个信号都是随时间而改变的物理量。一般情况下，信号所运载的信息是很广泛的，比如状态(state)、速率(rate)、电平(level)、形状(shape)、频率成分(frequency content)等。根据信号运载信息方式的不同，可以将信号分为模拟信号和数字信号。数字(二进制)信号分为开关信号和脉冲信号。模拟信号可分为直流、时域、频域信号，如图6-6 所示。

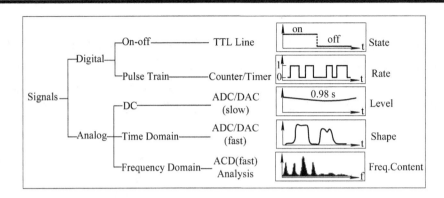

图 6-6 信号分类

1. 数字信号

第一类数字信号是开关信号。一个开关信号运载的信息与信号的瞬间状态有关。TTL 信号就是一个开关信号，一个 TTL 信号如果在 2.0～5.0 V 之间，就定义它为逻辑高电平，如果在 0～0.8 V 之间，就定义为逻辑低电平。

第二类数字信号是脉冲信号。这种信号包括一系列的状态转换，信息就包含在状态转化发生的数目、转换速率、一个转换间隔或多个转换间隔的时间里。安装在马达轴上的光学编码器的输出就是脉冲信号。有些装置需要数字输入，比如一个步进式马达就需要一系列的数字脉冲作为输入来控制位置和速度。

2. 模拟直流信号

模拟直流信号是静止的或变化非常缓慢的模拟信号。直流信号最重要的信息是它在给定区间内运载的信息的幅度。常见的直流信号有温度、流速、压力、应变等。采集系统在采集模拟直流信号时，需要有足够的精度以正确测量信号电平，由于直流信号变化缓慢，用软件计时就够了，不需要使用硬件计时。

3. 模拟时域信号

模拟时域信号与其他信号不同之处在于，它在运载信息时不仅有信号的电平，还有电平随时间的变化。在测量一个时域信号时，也可以说是一个波形，需要关注一些有关波形形状的特性，比如斜率、峰值等。为了测量一个时域信号，必须有一个精确的时间序列，序列的时间间隔也应该合适，以保证信号的有用部分被采集到。要以一定的速率进行测量，这个测量速率要能跟上波形的变化。用于测量时域信号的采集系统包括一个 A/D、一个采样时钟和一个触发器。A/D 的分辨率要足够高，保证采集数据的精度，带宽要足够高，用于高速率采样；精确的采样时钟，用于以精确的时间间隔采样；触发器使测量在恰当的时间开始。模拟时域信号包括许多不同的时域信号，比如心脏跳动信号、视频信号等，测量它们通常是因为对波形的某些方面的特性感兴趣。

4. 模拟频域信号

模拟频域信号与时域信号类似，然而，从频域信号中提取的信息是基于信号的频域内容，而不是基于波形的形状的，也不具有随时间变化的特性。用于测量一个频域信号的系统必须有一个 A/D、一个简单时钟和一个用于精确捕捉波形的触发器。系统必须有必要的分析功能，用于从信号中提取频域信息。为了实现这样的数字信号处理，可以使用应用软件或特殊的 DSP 硬件来迅速而有效地分析信号。模拟频域信号也很多，比如声音信号、地球物理信号、传输信号等。

上述信号分类不是互相排斥的。一个特定的信号可能运载有不只一种信息，可以用几种方式来定义信号并测量它，用不同类型的系统来测量同一个信号，从信号中取出需要的各种信息。

6.1.4 模拟输入信号的连接方式

一个电压信号可以分为接地和浮动两种类型。测量系统可以分为差分(Differential)、参考地单端(RSE)、无参考地单端(NRSE)三种类型。

1．接地信号和浮动信号

1) 接地信号

接地信号就是将信号的一端与系统地连接起来，如大地或建筑物的地。因为信号用的是系统地，所以与数据采集卡是共地的。接地最常见的例子是通过墙上的接地引出线，如信号发生器和电源。

2) 浮动信号

一个不与任何地(如大地或建筑物的地)连接的电压信号称为浮动信号，浮动信号的每个端口都与系统地独立。一些常见的浮动信号的例子有电池、热电偶、变压器和隔离放大器。

2．测量系统分类

1) 差分测量系统

在差分测量系统中，信号输入端与一个模入通道相连接。具有放大器的数据采集卡可配置成差分测量系统。图 6-7 描述了一个 8 通道的差分测量系统，用一个放大器通过模拟多路转换器进行通道间的转换。标有 AIGND(模拟输入地)的管脚就是测量系统的地。

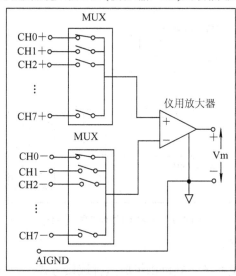

图 6-7　差分测量系统

一个理想的差分测量系统仅能测出(+)和(−)输入端口之间的电位差,完全不会测量到共模电压。然而,实际应用的板卡却限制了差分测量系统抵抗共模电压的能力,数据采集卡的共模电压的范围限制了相对于测量系统地的输入电压的波动范围。共模电压的范围关系到一个数据采集卡的性能,可以用不同的方式来消除共模电压的影响。如果系统共模电压超过允许范围,需要限制信号地与数据采集卡地之间的浮地电压,以避免测量数据错误。

2) 参考地单端测量系统(RSE)

一个 RSE 测量系统也叫做接地测量系统,被测信号一端接模拟输入通道,另一端接系统地 AIGND。图 6-8 所示为一个 16 通道的 RSE 测量系统。

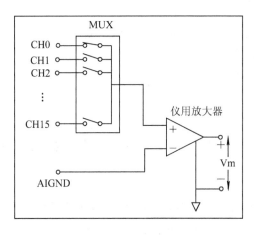

图 6-8　参考地单端测量系统

3) 无参考地单端测量系统(NRSE)

在 NRSE 测量系统中,信号的一端接模拟输入通道,另一端接一个公用参考端,但这个参考端电压相对于测量系统的地来说是不断变化的。图 6-9 所示为一个 NRSE 测量系统,其中 AISENSE 是测量的公共参考端,AIGND 是系统的地。

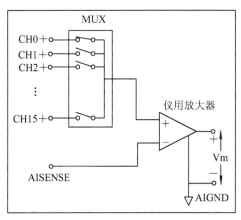

图 6-9　无参考地单端测量系统

3. 选择合适的测量系统

两种信号源和三种测量系统一共可以组成六种连接方式,如表 6.1 所示。

表 6.1 信号源和测量系统的连接方式

测试系统	接地信号	浮动信号
DEF	推荐使用	推荐使用
RSE	不推荐使用	推荐使用
NRSE	推荐使用	推荐使用

一般来说，浮动信号和差动连接方式可能较好，但实际测量时还要看情况而定。

1) 测量接地信号

测量接地信号最好采用差分或 NRSE 测量系统。如果采用 RSE 测量系统，将会给测量结果带来较大的误差。图 6-10 展示了用一个 RSE 测量系统去测量一个接地信号源的弊端。在该测量系统中，测量电压 Vm 是测量信号电压 Vs 和电位差 DVg 之和，其中 DVg 是信号地和测量地之间的电位差，这个电位差来自于接地回路电阻，可能会造成数据错误。一个接地回路通常会在测量数据中引入频率为电源频率的交流和偏置直流干扰。一种避免接地回路形成的办法就是在测量信号前使用隔离方法，测量隔离之后的信号。

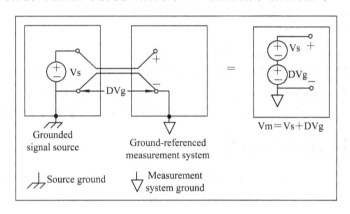

图 6-10 RSE 测量系统引入接地回路电压

如果信号电压很高，并且信号源和数据采集卡之间的连接阻抗很小，也可以采用 RSE 系统，因为此时接地回路电压相对于信号电压来说很小，信号源电压的测量值受接地回路的影响可以忽略。

2) 测量浮动信号

可以用差分、RSE、NRSE 方式测量浮动信号。在差分测量系统中，应该保证相对于测量地的信号的共模电压在测量系统设备允许的范围之内。如果采用差分或 NRSE 测量系统，放大器输入偏置电流会导致浮动信号电压偏离数据采集卡的有效范围。为了稳住信号电压，需要在每个测量端与测量地之间连接偏置电阻，如图 6-11 所示。这样就为放大器输入到放大器的地提供了一个直流通路。这些偏置电阻的阻值应该足够大，这样使得信号源可以相对于测量地浮动。对低阻抗信号源来说，10～100 kΩ 的电阻比较合适。

如果输入信号是直流，就只需要用一个电阻将(−)端与测量系统的地连接起来。然而，如果信号源的阻抗相对较高，就免除干扰的角度而言，这种连接方式会导致系统不平衡。

在信号源的阻抗足够高的时候,应该选取两个等值电阻,一个连接信号高电平(+)到地,一个连接信号低电平(−)到地。如果输入信号是交流,就需要两个偏置电阻,以达到放大器的直流偏置通路的要求。

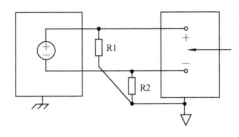

图 6-11　增加偏置电阻

总的来说,不论测接地还是浮动信号,差分测量系统是很好的选择,因为它不但避免了接地回路干扰,还避免了环境干扰。相反,RSE 系统却允许两种干扰的存在,在所有输入信号都满足以下指标时,可以采用 RSE 测量方式。

(1) 输入信号是高电平(一般要超过 1 V);
(2) 连线比较短(一般小于 5 m)并且环境干扰很小或屏蔽良好;
(3) 所有输入信号都与信号源共地。

当有一项不满足要求时,就要考虑使用差分测量方式。

另外需要明确,电池、RTD、应变片、热电偶等信号源的阻抗很小,可以将这些信号源直接连接到数据采集卡上或信号调理硬件上。直接将高阻抗的信号源接到插入式板卡上会导致出错。为了测量更准确,输入信号源的阻抗应与插入式数据采集卡的阻抗相匹配。

6.1.5　采样定理与抗混叠滤波器

假设现在对一个模拟信号 x(t)每隔 Δt 时间采样一次。时间间隔 Δt 被称为采样间隔或者采样周期,它的倒数 1/Δt 被称为采样频率,单位是采样数/秒。其中,t=0, Δt, 2Δt, 3Δt, …,对应 x(t)的采样值为 x(0), x(Δt), x(2Δt), x(3Δt), …。这样,信号 x(t)可以用一组分散的采样值来表示:

$$\{x(0),\ x(\Delta t),\ x(2\Delta t),\ x(3\Delta t),\ \cdots,\ x(k\Delta t),\ \cdots\} \tag{6.1}$$

图 6-12 所示为一个模拟信号和它采样后的采样值,采样间隔是 Δt。注意,采样点在时域上是分散的。

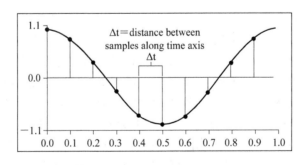

图 6-12　模拟信号和采样显示

如果对信号 x(t)采集 N 个采样点，那么 x(t)就可以表示为

$$X = \{x(0)，x[1]，x[2]，x[3]，\cdots，x[N-1]\} \quad (6.2)$$

这个数列被称为信号 x(t)的数字化显示或者采样显示。注意，这个数列中仅用下标变量编制索引，而不含有任何关于采样率(或 Δt)的信息。所以，如果只知道该信号的采样值，并不能知道它的采样率，缺少了时间尺度，也不可能知道信号 x(t)的频率。

根据采样定理，最低采样频率必须是信号频率的两倍。反过来说，如果给定了采样频率，那么能够正确显示信号而不发生畸变的最大频率(奈奎斯特频率)是采样频率的一半。如果信号中包含频率高于奈奎斯特频率的成分，信号将在直流和奈奎斯特频率之间畸变。图 6-13 所示为一个信号分别用合适的采样率和过低的采样率进行采样的结果。

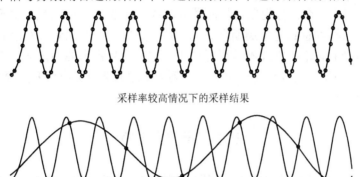

采样率较高情况下的采样结果

采样率过低情况下的采样结果

图 6-13 不同采样率的采样结果

采样率过低的结果是还原的信号的频率看上去与原始信号不同。这种信号畸变叫做混叠(alias)。出现的混频偏差(alias frequency)是输入信号的频率和最靠近的采样率整数倍的差的绝对值。

图 6-14 给出了一个例子，假设采样频率 f_s 是 100 Hz，信号中含有 25、70、160 和 510 Hz 的成分。

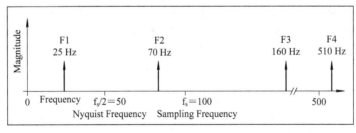

图 6-14 说明混叠的例子

采样的结果将会是低于奈奎斯特频率($f_s/2=50$ Hz)的信号可以被正确采样，而频率高于 50 Hz 的信号成分采样时会发生畸变，分别产生了 30、40 和 10 Hz 的畸变频率 F2、F3 和 F4。计算混频偏差的公式为

$$混频偏差 = ABS(采样频率的最近整数倍输入频率)$$

其中，ABS 表示"绝对值"，例如：

$$混频偏差 F2 = |100 - 70| = 30 \text{ Hz}$$

混频偏差 F3 = |(2)100 − 160| = 40 Hz

混频偏差 F4 = |(5)100 − 510| = 10 Hz

为了避免这种情况的发生，通常在信号被采集(A/D)之前，通过一个低通滤波器，将信号中高于奈奎斯特频率的信号成分滤去。在图 6-14 所示的例子中，这个滤波器的截止频率是 25 Hz，这个滤波器称为抗混叠滤波器。

较长时间使用很高的采样率可能会导致没有足够的内存或者硬盘存储数据太慢。理论上设置采样频率为被采集信号最高频率成分的 2 倍就够了，实际工程中选用 5～10 倍，有时为了较好地还原波形，甚至更高一些。

通常，信号采集后都要去做适当的信号处理，例如 FFT 等。这里对样本数又有一个要求，一般不能只提供一个信号周期的数据样本，希望有 5～10 个周期，甚至更多的样本。并且希望所提供的样本总数是整周期个数的。这里又发生一个困难，有时并不知道，或不确切知道被采信号的频率，因此不但采样率不一定是信号频率的整倍数，也不能保证提供整周期数的样本，所提供的仅仅是一个时间序列的离散的函数 x(n) 和采样频率，这是测量与分析的唯一依据。

6.2 模 拟 I/O

当采用 DAQ 卡测量模拟信号时，必须考虑输入模式(单端输入或者差分输入)、分辨率、输入范围、采样速率、精度和噪声等因素。

为了更好地理解模入，需要了解信号数字化过程中分辨率、电压范围、增益等参数对采集信号质量的影响。

1．分辨率(Resolution)

分辨率就是用来进行模/数(A/D)转换的位数，A/D 的位数越多，分辨率就越高，可区分的最小电压就越小。分辨率要足够高，数字化信号才能有足够的电压分辨能力，才能比较好地恢复原始信号。例如，图 6-15 所示的是一个正弦波信号用三位模/数转换所获得的数字结果，三位模/数转换把输入范围细分为 23 或者 8 份，二进制数从 000 到 111 分别代表每一份。显然，此时数字信号不能很好地表示原始信号，因为分辨率不够高，许多变化在模/数转换过程中丢失了。然而，如果把分辨率增加为 16 位，模/数转换的细分数值就可以从 8 增加到 216 即 65 536，它就可以相当准确地表示原始信号。

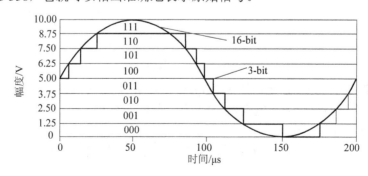

图 6-15　16-bit 与 3-bit 分辨率(5 kHz 正弦波)

2. 电压范围(Range)

电压范围由 A/D 能数字化的模拟信号的最高和最低的电压决定。一般情况下,采集卡的电压范围是可调的,所以可选择和信号电压变化范围相匹配的电压范围,以充分利用分辨率范围,得到更高的精度。比如,对于一个 3 位的 A/D,在选择 0~10 V 范围时,它将 10 V 分为 8 等份;如果选择范围为-10~+10 V,同一个 A/D 就得将 20 V 分为 8 等份,能分辨的最小电压就从 1.25 V 上升到 2.50 V,这样信号复原的效果就更差了。

3. 增益(Gain)

增益主要用于在信号数字化之前对衰减的信号进行放大。使用增益,可以等效地降低 A/D 的输入范围,使它能尽量将信号分为更多的等份,基本达到满量程,这样可以更好地复原信号。增益表示输入信号被处理前放大或缩小的倍数。给信号设置一个增益值,就可以实际减小信号的输入范围,使模/数转换能尽量地细分输入信号。图 6-16 所示为给信号设置增益值的效果。当增益=1 时,模/数转换只能在 5 V 范围内细分成 4 等份;而当增益=2 时,就可以细分成 8 等份,这样精度就大大地提高了。但是必须注意,此时实际允许的输入信号范围为 0~5 V。一旦超过 5 V,当乘以增益 2 以后,输入到模/数转换的数值就会大于允许值 10 V。

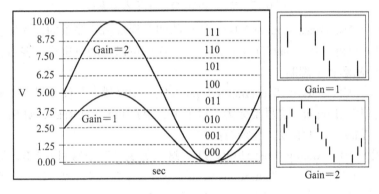

图 6-16 设置增益值的效果

对同样的电压输入范围,大信号时量化误差小,而小信号时量化误差大。当输入信号不接近满量程时,量化误差会相对加大。例如:输入只为满量程的 1/10 时,量化误差相应扩大 10 倍。一般使用时,要通过选择合适的增益,使得输入信号动态范围与 A/D 的电压范围相适应。当信号的最大电压加上增益后超过了板卡的最大电压,超出部分将被截断而读出错误的数据。

NI 公司的采集卡选择增益是在 LabVIEW 中通过设置信号输入限制(Input limits)来实现的,LabVIEW 会根据选择的输入限制和输入电压范围的大小来自动选择增益的大小。

总之,输入范围、分辨率以及增益决定了输入信号可识别的最小模拟变化量。此最小模拟变化量对应于数字量的最小位上的 0.1 变化,通常叫做转换宽度(Code Width)。其计算方法是:输入范围/(增益×2^分辨率)。

一个采集卡的分辨率、范围和增益决定了可分辨的最小电压,它表示为 1 LSB。例如,某采集卡的分辨率为 12 位,范围取 0~10 V,增益取 100,则

$$1 \text{ LSB} = \frac{10 \text{ V}}{100 \times 4096} \approx 24 \mu\text{V}$$

这样，在数字化过程中，最小能分辨的电压就为 24 μV。

6.3 DAQ VI 的组织结构

LabVIEW DAQ VI 组织为两个选项板，分别为传统 NI-DAQ 和 NI-DAQmx，传统 NI-DAQ 如图 6-17 所示。

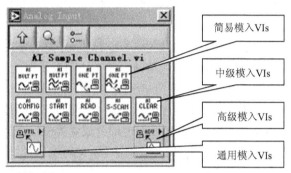

图 6-17　传统 NI-DAQ 模拟输入模板

(1) 简易模入 VIs (Ease Analog VIs)。该行的四个模块执行简单的模入操作。它们可以作为单独的 VI，也可以作为 subVI 来使用。这些模块可以自动发出错误警告信息，在对话框中可以选择中断运行或忽略。

(2) 中级模入 VIs (Intermediate Analog Input VIs)。中级模入与简易模入不同的是在简易模入中的一个操作 AI Input，这里细分为 AI Config、AI Start、AI Read、AI Single Scan 以及 AI Clear。它可以描述更加细致、复杂的操作。

(3) 通用模入 VIs (Analog Input Utility VIs)。这里提供了三个常用的 VIs，即 AI Read One Scan、AI Waveform Scan 及 AI Continuous Scan。使用一个 VI 就可以解决一个普通的模入问题，方便但缺乏灵活性。这三个 VIs 是由中级模入构成的。

(4) 高级模入 VIs (Advanced Analog Input VIs)。这些 VIs 是 NI-DAQ 数据采集软件的界面，是上面三种类型 VIs 的基础。一般情况下，用户不需要直接使用这个功能。

NI-DAQmx VI 是一种多态 VI 的特殊 VI，也是可以适应不同 DAQ 功能的一组核心 VI，如模拟输入、模拟输出、数字 I/O 等。图 6-18 所示为 DAQmx 选项板。

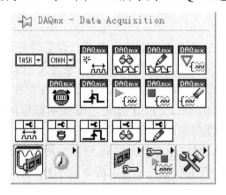

图 6-18　NI-DAQmx VI 模板

6.4 DAQ 设备的安装与配置

6.4.1 数据采集卡的功能

一个典型的数据采集卡的功能有模拟输入、模拟输出、数字 I/O、计数器/计时器等(见图 6-19)，这些功能分别由相应的电路来实现。

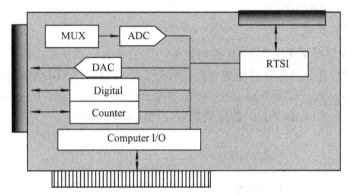

图 6-19　典型数据采集设备的组成

模拟输入是采集最基本的功能。它一般由多路开关(MUX)、放大器、采样保持电路以及 A/D 来实现，通过这些部分，一个模拟信号就可以转化为数字信号。A/D 的性能和参数直接影响着模拟输入的质量，要根据实际需要的精度来选择合适的 A/D。

模拟输出通常是为采集系统提供激励。输出信号受数/模转换器(D/A)的建立时间、转换率、分辨率等因素影响。建立时间和转换率决定了输出信号幅值改变的快慢。建立时间短、转换率高的 D/A 可以提供一个较高频率的信号。如果用 D/A 的输出信号去驱动一个加热器，就不需要使用速度很快的 D/A，因为加热器本身就不能很快地跟踪电压变化，应该根据实际需要选择 D/A 的参数指标。

数字 I/O 通常用来控制过程、产生测试信号、与外设通信等，它的重要参数包括数字口路数(line)、接收(发送)率、驱动能力等。如果输出用于驱动电机、灯、开关型加热器等用电器，就不必用较高的数据转换率。路数要能同控制对象配合，而且需要的电流要小于采集卡所能提供的驱动电流。但加上合适的数字信号调理设备，仍可以用采集卡输出的低电流的 TTL 电平信号去监控高电压、大电流的工业设备。数字 I/O 常见的应用是在计算机和外设，如打印机、数据记录仪等之间传送数据。另外一些数字口为了同步通信的需要还有"握手"线。路数、数据转换速率、"握手"能力都是应理解的重要参数，应依据具体的应用场合而选择有合适参数的数字 I/O。

许多场合都要用到计数器，用于定时、产生方波等。计数器包括三个重要信号，即门限信号、计数信号、输出。门限信号实际上是触发信号——使计数器工作或不工作；计数信号也即信号源，它提供了计数器操作的时间基准；输出是在输出线上产生的脉冲或方波。计数器最重要的参数是分辨率和时钟频率，高分辨率意味着计数器可以计更多的数；时钟频率决定了计数的快慢，频率越高，计数速度就越快。

6.4.2 数据采集卡的设置与测试

NI 公司提供了一个数据采集卡的配置工具软件——Measurement & Automation Explorer，它可以配置 NI 公司的软件和硬件，比如执行系统测试和诊断、增加新通道和虚拟通道、设置测量系统的方式、查看所连接的设备等。数据采集设备要根据测试的条件和测试的目的进行正确的设置才能正常工作，数据采集系统进行调试和运行时发生错误则需要对数据采集设备进行测试，以排除故障。本书以 NI 公司的数据采集产品 NI-6008DAQ 为例，说明数据采集设备的设置与测试方法。

1. 采集设备的安装

NI-6008DAQ 数据采集卡为 USB 接口设备，首先安装驱动软件，如图 6-20 所示。然后连接好数据采集卡，并且保证计算机中已经安装好 LabVIEW 和 NI-DAQmx，在 Measurement & Automation Explorer→Configuration→My System→Devices and Interfaces→NI-DAQmx Devices 中可以找到 NI USB-6008 数据采集卡，如图 6-21 所示。

图 6-20　NI USB-6008 驱动软件安装界面

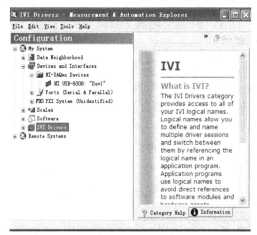

图 6-21　NI USB-6008 的安装

2. 采集卡的测试

在 Measurement & Automation Explorer→Configuration→My System→Devices and Interfaces→NI-DAQmx Devices 中选择 NI USB-6008，可以进行采集卡的自检、复位和面板测试等操

作，如图 6-22 所示。自检和复位通过界面如图 6-23 所示。

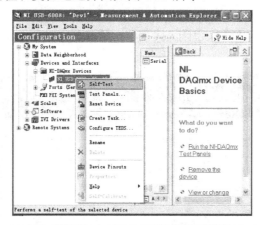

图 6-22　NI USB-6008 的测试菜单

图 6-23　NI USB-6008 自检和复位通过界面

选择"Test Panels"，就可以对采集卡进行测试，如图 6-24 所示。用测试面板可以检验该设备是否正常运行，如检测获取和产生信号的能力。选择"Analog Input"，输入通道选择"Dev1/ai0"，输入电压范围选择±20 V，输入配置选择差分输入，随机发生波形。测试板显示信息说明设备工作正常。

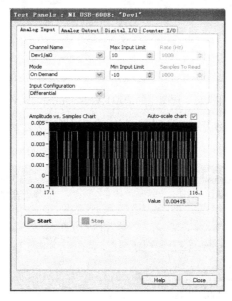

图 6-24　NI USB-6008 的测试面板

3. 数据采集卡的任务配置

实际的通道是指采集卡的输入/输出端子，使用实际通道可以测量或产生模拟或数字信号。数据采集中的主要任务是将有定时、触发和其他属性的通道集合，产生的方法主要有两种。

方法一：在 NI USB-6008 上选择快捷菜单，通过 NI-DAQmx 选择"Create Task"进行任务配置，如图 6-25 所示。

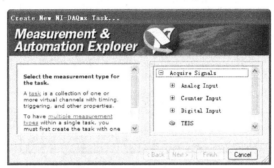

图 6-25　通过 NI-DAQmx 配置 NI USB-6008

方法二：打开新的 VI，在框图程序中找到 DAQ Assistant Express VI，路径如图 6-26 所示。

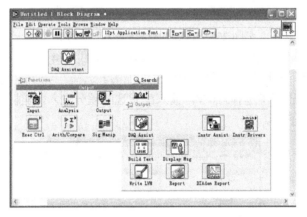

图 6-26　框图中的 DAQ Assistant Express VI

将 DAQ Assistant Express VI 放置到空白的 VI 上就可以对采集卡进行配置，配置界面如图 6-27 所示。

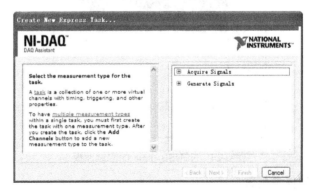

图 6-27　通过 DAQ Assistant Express VI 配置 NI USB-6008

6.5 模 拟 输 入

通过上节讲述的两种方法,进入任务配置页面后,就可进行模拟信号输入/输出、计数器输入/输出、数字 I/O 以及传感器任务的配置,如图 6-28 所示。

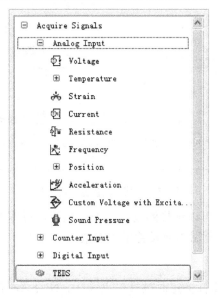

图 6-28 NI USB-6008 任务配置的设置

当进行模拟输入的配置时,选择"Analog Input",如选择"Voltage"创建新的电压模拟输入任务,进入图 6-29 所示界面,可以找到 ai0, ai1, …列表,选择并单击完成。

图 6-29 模拟输入 I/O 选择

此时,DAQ Assistant 打开了如图 6-30 所示的窗口,用于显示所选通道的配置选项,可以设置电压测试范围、采集点数、采集方式等选项。

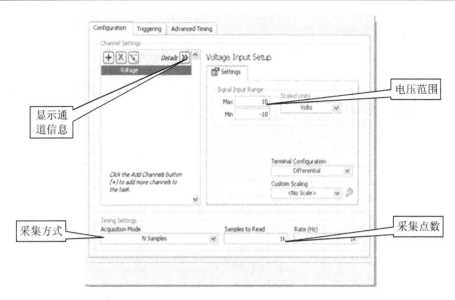

图 6-30 采集通道的配置选项

模拟输入除电压以外还可以选择温度、压力、电流、频率等信号类型。每种测量类型都有自身的特点，应该根据测试需要设置采集参数。

1. 任务定时

进行模拟输入时，可以将任务定时进行单点采样、N 点采样或连续采样。如果是定时监测，可以选用单点采样的方式，对多个点使用单点采样方式，效率低，时间慢，无法精确控制，因此，应采用 N 点采样的方式。要想在采样时观察、处理或记录其他采样点，则应该设置为连续采样模式。

2. 任务触发

DAQ Assistant 提供了三种触发方式：模拟边沿触发、模拟窗触发和数字边沿触发。在参考点前采集的数据为预触发数据，在参考点后采集的数据为后触发数据。

6.6 模 拟 输 出

模拟输出的目的是实现 D/A 转换，可通过 DAQ Assistant 进入采集卡任务配置界面(见图 6-27)选择 Generate Signals→Analog Output，可以选择输出信号的种类有电压信号或电流信号。配置任务的方法与模拟输入基本相同，也需要对任务定时和触发方式进行设置。

【例 6.1】 使用 DAQ 设备产生模拟电压的 VI，以 1 V 为增量输出 0～5 V。

实现步骤如下：

(1) 编写主要框图程序，程序以 For 循环为框架，每次循环延时 1 s。选择函数▷用来判断循环的终止条件，如果是最后一次循环，则输出为 0。

(2) 添加 DAQ Assistant，并对电压范围和采样点数进行任务配置，如图 6-31 所示。

(3) 运行程序并连接外部设备，测量模拟输出是否与程序运行结果一致。程序框图如图 6-32 所示。

图 6-31　模拟输出的任务配置

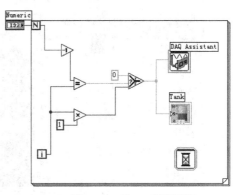
图 6-32　例 6.1 程序框图

6.7　数字 I/O

DAQ 设备中的数字 I/O 由产生或接收的二进制信号构成，通常用于仪器过程控制和外围设备通信。数字连线一般情况下分组为多个端口，同一端口中的所有连线必须同时是输入或者输出。由于一个端口包含多条数字连线，可以通过端口读、写的同时设置或读取连线的状态。在某些 DAQ 设备中，可以独立地将连线配置为测量或生成数字文件。每条连线都与任务的通道相对应，可以使用 DAQ 设备中的数字连线采集基于软件定时的数字值。在某些设备中，可以独立地将连线配置为测量或生成数字样本，每条连线都与任务通道相对应。

6.8　基于声卡的数据采集

声卡可以看做是在声音范围内的数据采集卡，是计算机与外部环境联系的重要途径。如果测量信号在音频范围内，测试精度要求不高，可以采用使用声卡进行数据采集的方法。在 LabVIEW 中提供了声卡操作的函数，如图 6-33 所示。

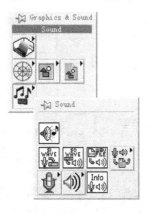

图 6-33　Sound VI

图 6-34 所示是用声卡实现双声道数据采集仪，该程序不但可以采集声音信号，还能进行时域波形和频谱分析波形的显示，想对某一时刻的数据波形保存时可以先选择停止，再选择保存。不同功能的切换是通过 Tab Control 来实现的。

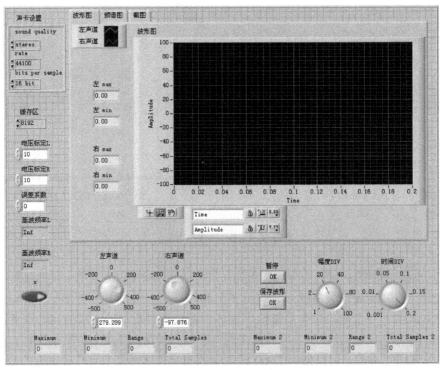

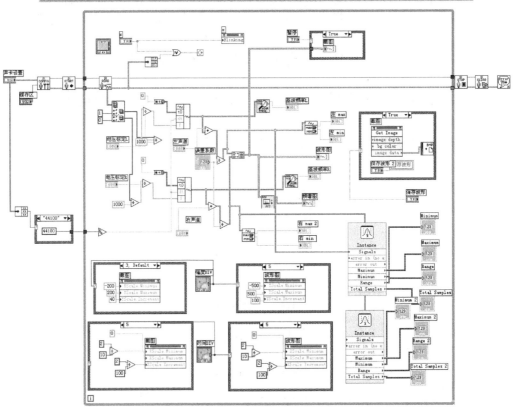

图 6-34 基于声卡的数据采集仪

程序首先对声卡的主要参数进行配置，包括声道、位数、缓冲区等。信号经过 SI Config 和 SI Start 后进入 While 循环。若为 16 位声卡，SI Read 输出的信号是 0~32 768 之间的整数，需要进行标定，标定后的数据再建立波形输出。程序中还对采集到的信号进行了频谱分析和统计分析。当循环停止后，程序继续运行 SI Stop 和 SI Clear 直到结束。程序中还编写有显示波形的时基控制部分，便于查看波形的细节。注意：其中关于属性节点的使用在书中第 8 章有描述，读者需学习完后面的章节再分析相应的程序。

习 题 6

6.1 若采样一个在 80~120 mV 之间变化的信号，数据采集卡的量程可以设为 0~10 V、±10 V 和 ±5 V。如果采集卡的分辨率为 12 位，则应如何选择量程以获取最大测试精度？

6.2 打开 Measurement & Automation Explorer 在 Devices and Interfaces→NI-DAQmx Devices 中选择 DAQ 设备，并选择"Test Panels"，就可以对采集卡进行测试，观察连接到 DAQ 设备的信号。

6.3 使用 DAQ Assisant 实现 DAQ 设备输出连续模拟正弦信号，要求信号幅度为 2 V，频率为 1 kHz。

6.4 使用声卡实现单通道波形采集和显示，并能够分析采集信号的最值和频率信息。

第7章 数学分析与信号处理

测试的目的在于获取被测对象的性能、状态或特征,所以信号采集只是测试工作的第一步。信号的分析和数据处理是构成测试系统的重要组成部分,常用的分析方法可以分为数学分析和数字信号处理两大类。LabVIEW 提供了内容丰富、功能强大的分析节点,配合出色的数据显示工具,可以完成复杂的信号分析和数据处理工作。

7.1 概　　述

自 7.0 版本引入 Express VI 后,在 Function→Analysis 模板上集中放置了 Signal Analysis 方面的 Express VI,如图 7-1 所示。

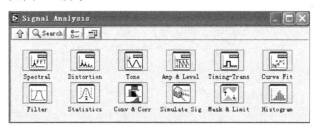

图 7-1 Express VI 信号分析工具

图 7-1 中的这些 VI 都是由基本的函数构成的,是比较常用的 VI,其功能分别是:

(1) Spectral Measurements:谱测量,包括峰值(peak)谱、均方根值(RMS)谱、功率谱以及功率谱密度。

(2) Distortion Measurements:失真度测量,如总谐波失真度(THD)等。

(3) Tone Measurements:调(tone)测量,即在一个指定的频率范围内寻找最大幅值的频率成分。

(4) Amplitude & Level Measurements:电压测量,包括直流分量、均方根值、峰值、峰峰值、周期平均值、周期均方根值等。

(5) Timing & Transition Measurements:定时和瞬态测量,通常用于脉冲信号。

(6) Curve Fitting:曲线拟合,包括线性、二次、样条、多项式、通用最小二乘法、非线性等多种类型。

(7) Filter:滤波器,包括低通、高通、带通、带阻及平滑等。

(8) Statistics:统计,包括返回信号的算术平均数、中值、均方根值、标准差、方差等。

(9) Convolution and Correlation:卷积与相关,包括卷积、反卷积、自相关和互相关。

(10) Simulate Signal：仿真信号，包括正弦波、方波、三角波、锯齿波及噪声等。

(11) Mask and Limit Testing：信号监测，即检查信号是否超出设定的上、下边界范围。

(12) Create Histogram：建立输入信号的柱状图。

LabVIEW 完整版的高级分析库中提供了丰富的信号分析处理相关程序，包括波形测量、波形调理、波形监测、波形发生、信号处理、逐点分析和数学分析，这些节点位于 Function→All Functions→Analyze 模板中，如图 7-2 所示。

在图 7-2 中，从左到右的子模板依次是：

(1) Waveform Measurements：波形测量子模板，功能包括直流交流成分分析、振幅测量、脉冲测量、傅里叶变换、功率谱计算、谐波畸变分析、过渡分析、频率响应、信号提取等。

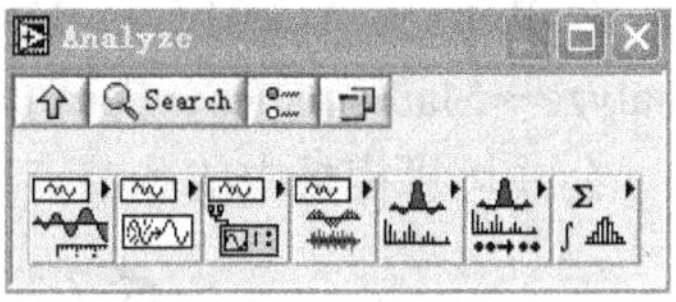

(2) Waveform Conditioning：波形调理子模板，提供 FIR 滤波器、IIR 滤波器、归一化窗函数。

图 7-2 Analyze 模板

(3) Waveform Monitoring：波形监测子模板，功能包括边界测量、尖峰捕获、触发检测。

(4) Waveform Generation：波形发生子模板，可以产生正弦波、方波、三角波、锯齿波、白噪声、高斯噪声和周期随机噪声，还可以利用公式产生函数波形。

(5) Signal Processing：数字信号处理模板，包括信号产生、大量时域和频域分析函数、各种滤波器和窗函数。

(6) Point By Point：逐点分析库，可以针对每个数据，无需缓冲，更适合于实时系统。

(7) Mathematics：数学分析库。

以上的每一个库都包含大量的 VI，针对信号领域的特殊问题，LabVIEW 还开发了若干工具包，即信号处理套件、数字滤波器设计工具包、联合时频分析工具包、小波分析和滤波器组设计工具包。所有这些工具包扩展了 LabVIEW 在处理特殊问题方面的能力。

7.2 数 学 分 析

LabVIEW 提供的数学分析节点位于 Functions→All Functions→Analyze→Mathematics 子模板中，如图 7-3 所示。

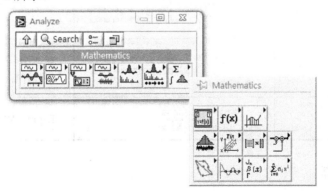

图 7-3 Mathematics 子模板

7.2.1 公式运算节点

公式运算节点主要提供了将外部公式或数学描述直接连入到 LabVIEW 中的功能，对于不太复杂的公式和运算过程，使用公式节点更灵活方便。同时 LabVIEW 提供了与 MATLAB 的接口，可以通过使用 MATLAB 语言节点在 LabVIEW 环境中编辑，运行 MATLAB 程序。

公式运算节点位于 Functions→All Functions→Analyze→Mathematics→Formula 子模板中，如图 7-4 所示。

公式运算模板中的各节点图标及功能如表 7.1 所示。

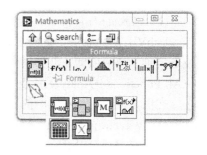

图 7-4　Formula 子模板

表 7.1　公式运算模板中各节点图标及功能

节点名称	节点图标	功　　能
Formula Node		基本公式节点的用法详见 2.4 节
Eval Formula Node		类似 Formula Node，但可以通过前面板输入变量，Input Values 与 Variables Input 一一对应，Output Values 与 Variables Output 一一对应
MATLAB Script		MATLAB 语言节点，编辑并执行 MATLAB 程序
Advanced Formula Parsing VIs		
Eval Formula String		用于不含变量的一维公式进行运算
Eval Single-Variable Scalar		用于对含有单变量的一维公式进行运算，即 $y=f(x)$
Eval Multi-Variable Scalar		用于对含有多变量的一维公式进行计算，即 $y=f(x_1,x_2,\ldots,x_n)$
Formula		Express VI 类型的公式节点

7.2.2 函数计算

1D 和 2D Evalution 模板提供一元、二元函数的计算功能。所有的函数节点位于 Functions→All Functions→Analyze→Mathematics→1D 和 2D Evaluation 子模板中，如图 7-5 所示。

第 7 章 数学分析与信号处理

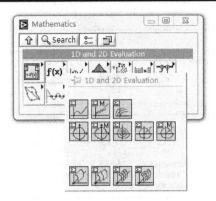

图 7-5 1D 和 2D 函数计算子模板

1D 和 2D 函数计算子模板中各节点图标及功能如表 7.2 所示。

表 7.2 1D 和 2D 函数计算子模板中各节点图标及功能

节点名称	节点图标	功 能
Eval y=f(x)	number of points, start, end, formula → X Values, Y Values, ticks, error	以步长 h=(start-end)/number of points 来计算从端口 formula 输入函数的值
Eval y=f(x) Optimal Step	number of points, epsilon, start, end, formula → X Values, Y Values, ticks, error	与 Eval y=f(x) 功能类似，但计算精度更高
Eval y=f(a,x)	number of points, start, end, Parameters, formula → X, Y, ticks, error	与 Eval y=f(x) 功能类似，但可以输入若干参数
Eval X-Y(t)	number of points, start, end, Formulas → X, Y, ticks, error	计算用参数方程表示的函数 y=f(t),x=g(t) 的值
Eval X-Y(t) Optimal Step	number of points, epsilon, start, end, Formulas → X, Y, ticks, error	与 Eval X-Y(t) 功能类似，但计算精度更高
Eval X-Y(a,t)	number of points, start, end, Parameters, Formulas → X, Y, ticks, error	与 Eval X-Y(t) 功能类似，但可以输入若干参数
Eval Polar to Rect	number of points, start, end, radius as function of angle → X, Y, ticks, error	计算极坐标函数的值，并转换到直角坐标系，输出为函数的 x,y 坐标
Eval Polar to Rect Optimal Step	number of points, epsilon, start, end, radius as function of angle → X, Y, ticks, error	与 Eval Polar to Rect 功能类似，但计算精度更高

续表

节点名称	节点图标	功　　能
Eval y=f(x1,x2)	number of points, Start, End, formula, Variables → X1 Values, X2 Values, Y Values, error, ticks	计算二元函数的值，函数定义在一个矩形区间上
Eval y=f(a,x1,x2)	number of points, Start, End, Parameters, formula, Variables → X1 Values, X2 Values, Y Values, ticks, error	计算二元函数的值，函数定义在一个矩形区间上，允许输入若干参数
Eval X-Y-Z(t1,t2)	number of points, Start, End, Formulas, Variables → X, Y, Z, error, ticks	计算三维空间中的一个曲面
Eval X-Y-Z(a,t1,t2)	number of points, Start, End, Parameters, Formulas, Variables → X, Y, Z, error, ticks	计算三维空间中的一个曲面，允许输入若干参数

【例 7.1】　应用函数节点 Eval Polar to Rect 绘制蝴蝶图。

在 Eval Polar to Rect 节点的输入端口中，start 是角度的起始值，end 是角度的终值，numbers of points 指定了计算的点数(包括起点和终点)。绘制蝴蝶图使用的极坐标函数为 $r(t)=e^{\cos(t)}-2\cos(4t)+[\sin(t/12)]^5$，其中 t 是极角，单位是弧度。前面板和程序框图如图 7-6 所示。

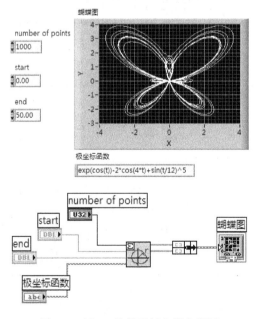

图 7-6　例 7.1 的前面板和程序框图

7.2.3 微积分运算

微积分运算节点位于 Functions→All Functions→Analyze→Mathematics→Calculus 子模板中,如图 7-7 所示。

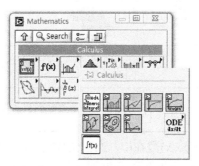

图 7-7 Calculus 子模板

Calculus 子模板中各节点图标及功能如表 7.3 所示。

表 7.3 Calculus 子模板中各节点图标及功能

节点名称	节点图标	功　　能
Numeric Integration		用于计算一维、二维或三维数组的数值积分,有 4 种积分方法可供选择
Integration		在指定的区间[start,end]上,对给定的函数(formula 端口指定)进行数值积分
Differentiation		在指定的区间[start,end]上,计算函数(formula 端口指定)各点的微分
Limit		计算函数在某点的左极限和右极限
Curve Length		计算函数曲线的长度
Partial Derivatives of f(x1,x2)		计算二元函数的偏微分
Extrema of f(x1,x2)		求解二元函数的极大值点和极小值点

续表

节点名称	节点图标	功　　能
Zeroes and Extrema of f(x)	(图标)	求解一元函数的零点和极值点，并解出极值
ODE VIs	(图标)	包含7个求解微分方程的节点
Express VI	(图标)	提供4种数学操作

【例 7.2】 求函 f(x)=exp(cosx)数在[0, 2π]上的定积分。

该例使用了 Express VI，前面板和程序框图如图 7-8 所示。

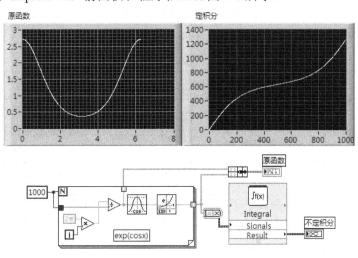

图 7-8　例 7.2 的前面板和程序框图

7.2.4　概率统计

有关概率统计的节点位于 Functions→All Functions→Analyze→Mathematics→Probability and Statistics 子模板中，如图 7-9 所示。

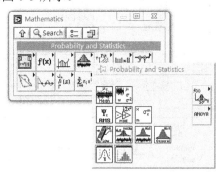

图 7-9　概率统计子模板

概率统计子模板中各节点图标及功能如表 7.4 所示。

表 7.4　概率统计子模板中各节点图标及功能

节点名称	节点图标	功　能
Mean		计算输入数组的平均值
Standard Deviation and Variance		计算输入数组的均值、方差和标准方差
RMS		计算输入数组的均方根
MSE		计算两个输入数组的均方误差
Moment about Mean		计算输入数组的 m 阶矩阵
Median		计算输入数组的中值
Mode		查找输入数组中出现次数最多的数据
Histogram		生成输入数组的直方图
General Histogram		生成输入数组的直方图
Statistics		快速 VI 的形式,可以对大部分的基本统计参数进行计算
Create Histogram		快速 VI 的形式,可以对数据进行柱状图分析
Probability VIs		概率子模板
Analysis of Variance VIs		方差分析子模板

【例 7.3】 概率统计函数应用。

该例读入某发动机的某测点的加速度振动信号，然后使用 Create Histogram 和 Statistics 两个 Express VI 对该信号进行分析，求得柱状图及相关统计特性。前面板和程序框图如图 7-10 所示。

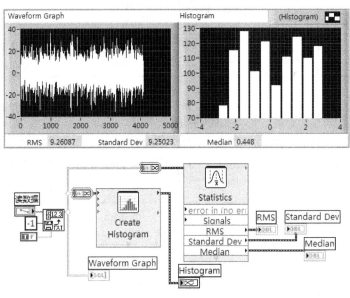

图 7-10　例 7.3 的前面板和程序框图

7.2.5　曲线拟合

曲线拟合在分析试验数据时非常有用，它可以从大量的离散数据中抽象出内部规律。LabVIEW 包含了大量的曲线拟合函数以满足不同的拟合需要，不仅包括二维曲线拟合，还包括三维曲线拟合。

曲线拟合的节点位于 Functions→All Functions→Analyze→Mathematics→Curve Fitting 子模板中，如图 7-11 所示。通常对于每种指定类型的曲线拟合，一般存在两种 VI，一种只返回拟合曲线系数，另一种不但返回系数，而且可以得到拟合曲线和均方差，前者是后者的子 VI。

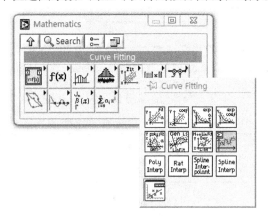

图 7-11　曲线拟合子模板

曲线拟合子模板中各节点图标及功能如表 7.5 所示。

表 7.5 曲线拟合子模板中各节点图标及功能

节点名称	节点图标	功　　能
Linear Fit		线性拟合,拟合形式为 F=mX+b,该节点返回斜率、截距、均方差和最佳拟合函数值
Linear Fit Coefficients		线性拟合,该节点只返回斜率、截距
Exponential Fit		指数拟合,拟合形式为 $F=ae^{\tau x}$,该节点返回幅度、衰减常数、均方差和最佳拟合函数值
Exponential Fit Coefficients		指数拟合,该节点只返回幅度、衰减常数
General Polynomial Fit		通用多项式拟合
General LS Linear Fit		最小二乘法拟合
Nonlinear Lev-Mar Fit		使用 Levenberg-Marquardt 算法进行非线性最小二乘法拟合
Levenberg Marquardt		使用 Levenberg-Marquardt 算法进行最小二乘法拟合
Polynomial Interpolation		多项式插值
Rational Interpolation		分式插值
Spline Interpolant		计算样条插值所需要的各插值节点的二阶导数,供 Spline Interpolation.vi 使用
Spline Interpolation		样条插值,与 Spline Interpolant.vi 联用
Curve Fitting		快速 VI 形式的曲线拟合节点,提供多种拟合算法

7.2.6 线性代数

线性代数在现代工程和科学领域中有广泛的应用,因此 LabVIEW 提供了强大的线性代数运算功能。线性代数运算节点位于 Functions→All Functions→Analyze→Mathematics→Liner Algebra 子模板中,如图 7-12 所示。

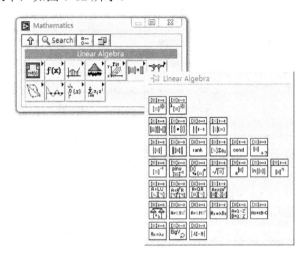

图 7-12 线性代数子模板

线性代数子模板中部分节点图标及功能如表 7.6 所示。

表 7.6 线性代数子模板中部分节点图标及功能

节点名称	节点图标	功 能
Create Special Matrix		生成特殊矩阵
Solve Linear Equations		求解实线性方程 Ax=b
Dot Product		求解两个实向量的点积
A x B		求解两个实矩阵的积
Determinant		求解实方阵的行列式
Matrix Norm		求解实矩阵的范数
Matrix Rank		求解实方阵的秩
Trace		求解实矩阵的迹

续表

节点名称	节点图标	功　能
Matrix Condition Number	Input Matrix — cond — condition number / norm type — error	求解实矩阵的条件数
Test Positive Definite	Input Matrix — +? — positive definite? / error	判定方阵是否正定，输入可以是实数矩阵也可以是复数矩阵
Inverse Matrix	Input Matrix — [ ]⁻¹ — Inverse Matrix / matrix type — error	求解实矩阵的转置矩阵
PseudoInverse Matrix	Input Matrix — pinv — PseudoInverse Matrix / tolerance — error	求解实矩阵的伪逆矩阵
LU Factorization	A — A=LU — L, U, P, error	求解实矩阵的 LU 分解

【例 7.4】 使用 Solve Linear Equations 求解线性方程组。

将 A 和 b 作为 Solve Linear Equations 节点的输入可以很容易地得出 x 的值，该例的前面板和程序框图如图 7-13 所示。

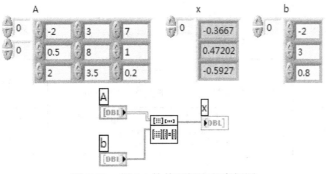

图 7-13　例 7.4 的前面板和程序框图

7.2.7　数组运算

数组运算提供多种针对数组和矩阵的运算，包括数组的平移、单位化、数组和矩阵的标准化等。数组节点位于 Functions→All Functions→Analyze→Mathematics→Array Operations 子模板中，如图 7-14 所示。

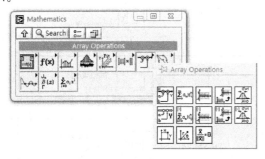

图 7-14　数组运算子模板

数组运算子模板中各节点图标及功能如表 7.7 所示。

表 7.7 数组运算子模板中各节点图标及功能

节点名称	节点图标	功　　能
1D Linear Evaluation		数组的线性运算
1D Polynomial Evaluation		数组的多项式运算
Quick Scale 1D		将数组在区间[-1,1]上归一化
Scale 1D		将数组进行归一化运算
Normalize Vector		将数组标准化
2D Linear Evaluation		矩阵的线性运算
2D Polynomial Evaluation		矩阵的多项式运算
Quick Scale 2D		将矩阵在区间[-1,1]上归一化
Scale 2D		将矩阵进行归一化运算
Normalize Matrix		标准化矩阵
1D Polar To Rectangular		将极坐标转化为直角坐标
1D Rectangular To Polar		将直角坐标转化为极坐标
Unit Vector		将数组单位化

7.2.8 最优化

最优化是一门古老而又年轻的学科，它的起源可以追溯到法国数学家拉格朗日关于一个函数在一组等式约束条件下的极值问题。如今这门学科在工业、军事技术和管理科学等领域有着广泛的应用，并发展出组合优化、线性规划、非线性规划、动态控制和最优控制等多个分支。

最优化节点位于 Functions→All Functions→Analyze→Mathematics→Optimization 子模板中，如图 7-15 所示。

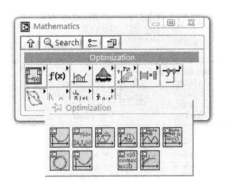

图 7-15 最优化子模板

最优化子模板中各节点图标及功能如表 7.8 所示。

表 7.8 最优化子模板中各节点图标及功能

节点名称	节点图标	功　能
Brent with Derivatives 1D	accuracy, a (start), b (start), c (start), formula → minimum, f(minimum), ticks, error	在给定区间上计算一元函数的局部极小值点
Chebyshev Approximation	number of points, start, end, order, formula → C, X, Y, error	用 Chebyshev 多项式逼近给定函数
Downhill Simplex nD	accuracy, Start, X, f(X) → Minimum, f(Minimum), ticks, error	用 Downhill Simplex 计算 n 元函数的局部极小值点
Conjugate Gradient nD	accuracy, gradient method, line minimization, Start, X, f(X) → Minimum, f(Minimum), ticks, error	用共轭梯度法计算 n 元函数的局部极小值点
Find All Minima 1D	accuracy, step type, algorithm, start, end, formula → Minima, f(Minima), ticks, error	计算一元函数在给定区间内的所有极小值点

节点名称	节点图标	功　　能
Find All Minima nD		计算 n 元函数在给定区间内的所有极小值点
Fitting on a Sphere		将所有的点拟合到三维空间的一个球面上
Golden Section 1D		用黄金分割法计算一元函数的极小值点
Linear Programming Simplex Method		解线性规划方程
Pade Approximation		用有理分式逼近给定函数

7.2.9　零点求解

零点求解节点位于 Functions→All Functions→Analyze→Mathematics→Zeros 子模板中，如图 7-16 所示。

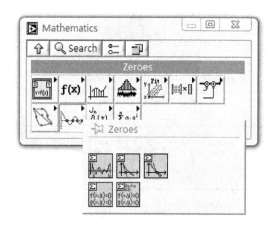

图 7-16　零点求解子模板

零点求解子模板中各节点图标及功能如表 7.9 所示。

表 7.9 零点求解子模板中各节点图标及功能

节点名称	节点图标	功 能
Find All Zeroes of f(x)	accuracy, step type, algorithm, start, end, formula / Zeroes, f(Zeroes), ticks, error	求解已知函数在指定区间内的所有零点
Newton Raphson Zero Finder	accuracy, h, start, end, formula / zero, f(zero), ticks, error	使用牛顿切线法求解已知一元函数在某个区间内的零点
Ridders Zero Finder	accuracy, start, end, formula / zero, f(zero), ticks, error	使用 Ridders 法求解已知一元函数在某个区间内的零点
Nonlinear System Single Solution	accuracy, h, Start, X, F(X) / Zeroes, f(Zeroes), ticks, error	求解非线性系统方程组
Nonlinear System Solver	accuracy, number of trials, h, Start, End, X, F(X) / Zeroes, f(Zeroes), ticks, error	求解非线性系统方程组

7.3 数字信号处理

LabVIEW 的数字信号处理模板包括 5 个功能：信号产生、时域分析、频域分析、滤波器和窗函数，如图 7-17 所示。

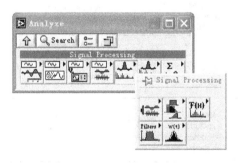

图 7-17 数字信号处理模板

7.3.1 信号发生

信号发生器节点位于 Functions→All Functions→Analyze→Signal Processing→Signal Generation 子模板上，如图 7-18 所示。该模板上的节点功能简介见表 7.10。

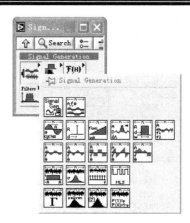

图 7-18　信号发生模板

表 7.10　信号发生模板中的节点及功能

节点名称	节点图标	功　能
Signal Generator by Duration		该节点可以产生 7 种波形，默认是正弦波
Tones and Noise		产生的信号包含多个频率的正弦波、噪声和直流偏移
Sine Pattern		产生一个 Sine Pattern 信号
Impulse Pattern		产生一个脉冲信号
Ramp Pattern		产生一个斜坡信号
Sinc Pattern		产生一个 Sinc 信号
Pulse Pattern		产生一个冲击信号
Chirp Pattern		产生一个线形调频信号

续表

节点名称	节点图标	功　　能
Sine Wave	reset phase, samples, amplitude, f, phase in / sine wave, phase out, error	产生一个正弦信号，与 Sine Pattern 比较，只是定义方式不同
Triangle Wave	reset phase, samples, amplitude, f, phase in / triangle wave, phase out, error	产生一个三角波信号
Square Wave	reset phase, samples, amplitude, f, phase in, duty cycle (%) / square wave, phase out, error	产生一个方波信号
Sawtooth Wave	reset phase, samples, amplitude, f, phase in / sawtooth wave, phase out, error	产生一个锯齿波信号
Arbitrary Wave	Wave Table, samples, amplitude, f, phase in, reset phase, interpolation / arbitrary wave, phase out, error	产生一个任意波形信号
Uniform White Noise	samples, amplitude, seed / uniform white noise, error	产生一个白噪声信号
Gaussian White Noise	samples, standard deviation, seed / Gaussian Noise Pattern, error	产生一个高斯噪声信号
Periodic Random Noise	samples, spectral amplitude, seed / periodic random noise, error	产生一个周期随机信号
Binary MLS	samples, polynomial order, seed / mls sequence	产生一个二进制的最大序列
Gamma Noise	samples, order, seed / gamma noise, error	产生 Gamma 噪声
Poisson Noise	samples, mean, seed / poisson noise, error	产生 Poisson 噪声
Binomial Noise	samples, trials, trial probability, seed / binomial noise, error	产生二项式噪声
Bernoulli Noise	samples, ones probability, seed / bernoulli noise, error	产生贝努利噪声

注意：Wave VI 和 Pattern VI 运行过程的根本不同在于这个特定的 VI 是在内部记录了生成信号的相位轨迹。Wave VI 在内部记录了相位轨迹，而 Pattern VI 没有。Wave VI 使用的是归一化了的单位周期数/采样数。Pattern VI 中仅有 Chirp Pattern VI 使用归一化单位。

【例7.5】 产生一个正弦信号和高斯白噪声信号并叠加。

VI 的前面板和程序框图如图 7-19 所示，使用 Sine Wave.vi 产生一个正弦信号，使用 Gaussian White Noise.vi 产生一个高斯白噪声信号，然后叠加。

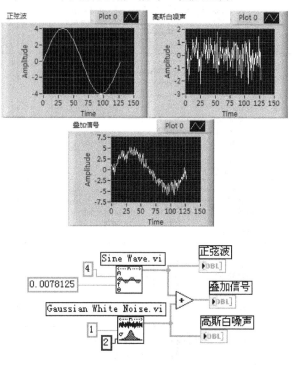

图 7-19　例 7.5 的前面板和程序框图

7.3.2　时域分析

时域分析模板提供了卷积、相关计算、移位运算、积分、微分、脉冲测量等功能。时域分析的节点位于 Functions→All Functions→Analyze→Signal Processing→Time Domain 子模板上，如图 7-20 所示。

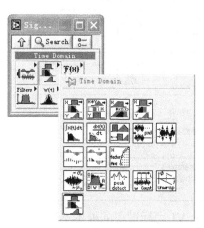

图 7-20　时域分析模板

时域分析模板中各个节点的功能见表7.11。

表7.11 时域分析模板中的节点及功能

节点名称	节点图标	功 能
Convolution		求两个信号的卷积
Deconvolution		求逆卷积运算
AutoCorrelation		求自相关函数
CrossCorrelation		求互相关函数
Integral x(t)		积分运算
Derivative x(t)		微分运算
Y[i]=X[i-n]		移位运算
Zero Padder		补零运算,在数组末尾补零,使数组长度等于 2^n
Y[i]=Clip{X[i]}		截取信号
Decimate		抽取信号数据,端口 decimating factor 设定抽取比例,若设置为3,则从每3个数据中抽取第一个数据;端口 average 决定输出是否取平均,如果为 True,则输出不是每组中的一个数据,而是该组的平均值
AC & DC Estimator		测量信号直流分量和交流分量,交流成分的大小以均方根的形式给出
Pulse Parameters		脉冲参数测量,端口 top 为所测脉冲的高电平值,端口 base 为所测脉冲的低电平值,端口 amplitude=top-base
Peak Detector		查找波峰或波谷的位置、幅度和二阶微分,端口 threshold 设定门限值,端口 width 设定参加最小二乘计算的点数,最小值为3,但要小于波峰或波谷宽度的一半
Threshold Peak Detector		计算超过门限值的尖峰的个数,端口 count 返回超过门限的尖峰的个数
Unwrap Phase		减小相位的不连续性,将相邻数据之间的相位差在区间$[-\pi, \pi]$上展开

【例 7.6】 自相关分析。

自相关函数的一个重要应用是检验信号中是否含有周期成分。如果信号中有周期成分，则其自相关函数在 τ 很大时都不衰减，并具有明显的周期性。不含周期成分的随机信号在 τ 稍大时自相关函数就趋近零。

本例的前面板和程序框图如图 7-21 所示，信号有正弦波和噪声叠加而成，通过自相关函数可以断定信号中含有周期成分。

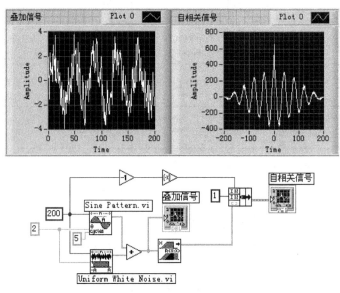

图 7-21 例 7.6 的前面板和程序框图

7.3.3 频域分析

对信号进行时域分析有时不能反映信号的全部特征，所以需要对信号进行频域分析。LabVIEW 的频域分析模板提供了丰富的信号频域分析节点，包括傅里叶变换、Hilbert 变换、小波变换、Hartley 变换、功率谱分析、联合时频分析、谐波分析、系统辨识等。频域分析的节点位于 Functions→All Functions→Analyze→Signal Processing→Frequency Domain 子模板上，如图 7-22 所示。

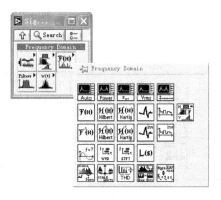

图 7-22 频域分析模板

频域分析模板中各个节点的功能见表 7.12。

表 7.12 频域分析模板中的节点及功能

节点名称	节点图标	功　　能
Auto Power Spectrum	Signal (V), dt → [Auto] → Power Spectrum (V^2 rms), df	计算时域信号的单边自功率谱
Power Spectrum	X → [Power] → Power Spectrum, error	计算输入序列的双边功率谱
Cross Power Spectrum	Signal X (V), Signal Y (V), dt → [Sxy] → Cross Power XY Spectrum Mag…, Cross Power XY Spectrum Pha…, df	计算输入信号的单边互功率谱
Amplitude and Phase Spectrum	Signal (V), unwrap phase (T), dt → [Vrms] → Amp Spectrum Mag (Vrms), Amp Spectrum Phase (radians), df	计算时域信号的单边幅值谱和相位谱
Unevenly Sampled Signal Spectrum	XTime, X → → Power Spectrum FFT {X} Freq…, Power Spectrum FFT {X}, error	计算非等距采样信号的功率谱
FFT	X → [F{X}] → FFT {X}, error	快速傅里叶变换(实数、复数)
Fast Hilbert Transform	X → [Hilbert] → Hilbert{X}, error	快速希尔伯特变换
FHT	X → [Hartley] → Hartley{X}, error	快速 Hartley 变换
Wavelet Transform Daubechies4	X → → Wavelet Daubechies4 {X}, error	Daubechies4 小波变换
Walsh Hadamard	X → → Walsh Hadamard {X}, error	实数 Walsh Hadamard 变换
Cross Power	X, Y → → Sxy, error	计算输入信号的互功率谱
Inverse FFT	FFT {X} → [F'{X}] → X, error	快速傅里叶逆变换
Inverse Fast Hilbert Transform	X → [Hilbert] → Inv Hilbert {X}, error	快速希尔伯特逆变换
Inverse FHT	X → [Hartley] → Inv FHT {X}, error	快速 Hartley 逆变换
Wavelet Transform Daubechies4 Inverse	X → → Wavelet Daubechies4 Inv {X}, error	Daubechies4 小波逆变换

续表

节点名称	节点图标	功能
Walsh Hadamard Inverse	(Walsh Hadamard Inverse {X}, error)	实数 Walsh Hadamard 逆变换
Buneman Frequency Estimator	(beta, error)	估计给定未知长度 sine 信号的频率
WVD Spectrogram	(X, time increment → WVD Spectrogram {X}, error)	使用 Wigner-Ville 算法计算信号能量的联合时频分布
STFT Spectrogram	(X, time increment, window length, window selector → STFT Spectrogram {X}, error)	使用短时傅里叶变换计算信号能量的联合时频分布
Laplace Transform Real	(X, end → Laplace {X}, error)	实数拉普拉斯变换
Power & Frequency Estimate	(Power Spectrum (V^2 rms), peak frequency (max), window constants, df, span → est frequency peak, est power peak)	求功率谱的峰值和对应的频率
Spectrum Unit Conversion	(signal unit (V), Spectrum in, spectrum type, log/linear, display unit, df, window constants → Spectrum out, spectrum unit)	频谱单位转换
Harmonic Analyzer	(frame size, Auto Power Spectrum, # harmonics, window, sampling rate, fundamental frequency → Harmonic Amplitudes, Harmonic Frequencies, % THD, % THD + Noise)	谐波分析
Network Functions (avg)	(Stimulus Signal, Response Signal, dt, df → Cross Power Spectrum (avg), Frequency Response (avg), Coherence Function (0..1), Impulse Response (avg))	计算一个系统的单边平均频率响应，系统输入、输出的单边平均互功率谱、相关函数
Transfer Function	(Stimulus Signal, Response Signal, dt, df → Frequency Response Mag (gain), Frequency Response Phase (r...))	计算一个系统的频率响应

【例 7.7】 信号的傅里叶变换。

傅里叶变换的一个基本应用是计算信号的频谱，通过频谱可以方便地观察分析信号的频率组成。

设信号由若干正弦信号叠加而成(如图 7-23 所示)，从时域信号中很难看出信号各成分的频率和振幅，经过傅里叶变换后，容易看出三个分量的频率分别是 20 Hz、40 Hz、30 Hz，并且振幅分别是 3、2、1。

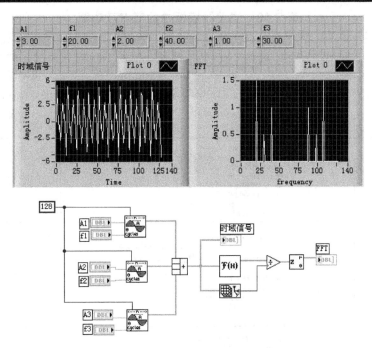

图 7-23 例 7.7 的前面板和程序框图

7.3.4 滤波器

滤波器的作用是对信号进行筛选，只让特定频段的信号通过。滤波器节点位于 Functions→All Functions→Analyze→Signal Processing→Filters 子模板上，如图 7-24 所示。该模板提供了多种常用的滤波器，并且提供了设计 FIR 和 IR 滤波器的 VI。

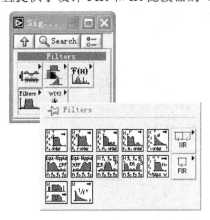

图 7-24 滤波器模板

在高级 IIR 滤波器和高级 FIR 滤波器子模板中，滤波器的设计部分和滤波器的执行部分是分开的。因为滤波器的设计很费时间，而滤波过程很快。在含有循环过程的程序中，可以将滤波器的设计放在循环外，将设计好的滤波器系数传递到循环中，在循环内只进行滤波处理，以提高程序运行效率。

滤波器模板中各个节点的功能见表 7.13。

表 7.13 滤波器模板中的节点及功能

节点名称	节点图标	功　　能
Butterworth Filter	filter type / X / sampling freq: fs / high cutoff freq: fh / low cutoff freq: fl / order / init/cont (init:F) → Filtered X, error	巴特沃斯滤波器，端口 filter type 的取值可以为低通、高通、带通和带阻
Chebyshev Filter	filter type / X / sampling freq: fs / high cutoff freq: fh / low cutoff freq: fl / ripple(dB) / order / init/cont (init:F) → Filtered X, error	切比雪夫滤波器
Inverse Chebyshev Filter	filter type / X / sampling freq: fs / high cutoff freq: fh / low cutoff freq: fl / attenuation (dB) / order / init/cont (init:F) → Filtered X, error	切比雪夫 II 型滤波器
Elliptic Filter	filter type / passband ripple (dB) / X / sampling freq: fs / high cutoff freq: fh / low cutoff freq: fl / stopband attenuation (dB) / order / init/cont (init:F) → Filtered X, error	椭圆滤波器
Bessel Filter	filter type / X / sampling freq: fs / high cutoff freq: fh / low cutoff freq: fl / order / init/cont (init:F) → Filtered X, error	贝塞尔滤波器
Equi-Ripple LowPass	X / # of taps / pass freq / stop freq / sampling freq: fs → Filtered X, error	等纹波低通滤波器，端口 # of taps 设定使用 Parks-McClellan 方法设计 FIR 滤波器时所用的系数的个数，默认为 32
Equi-Ripple HighPass	X / # of taps / stop freq / high freq / sampling freq: fs → Filtered X, error	等纹波高通滤波器
Equi-Ripple BandPass	higher pass freq / lower pass freq / X / # of taps / lower stop freq / higher stop freq / sampling freq: fs → Filtered X, error	等纹波带通滤波器

续表(一)

节点名称	节点图标	功　能
Equi-Ripple BandStop	(higher pass freq, lower pass freq, X, # of taps, lower stop freq, higher stop freq, sampling freq: fs → Filtered X, error)	等纹波带阻滤波器
FIR Windowed Filter	(filter type, X, sampling freq: fs, low cutoff freq: fl, high cutoff freq: fh, taps, window → Filtered X, error)	加窗 FIR 滤波器
Median Filter	(X, rank → Filtered X, error)	中值滤波器
Inverse f Filter	(reset, X, fs, exponent, filter specifications, unity gain freq (rad/s) → Filtered X, filter information, magnitude error (dB), error, noise bandwidth)	反幂律滤波器
Advanced IIR Filtering(高级 IIR 滤波器)		
Butterworth Coefficients	(filter type, sampling freq: fs, high cutoff freq: fh, low cutoff freq: fl, order → IIR Filter Cluster, error)	计算用于设计基于巴特沃斯滤波器模型的 IIR 滤波器的系数，与 IIR Cascade Filter 联合使用
Chebyshev Coefficients	(filter type, sampling freq: fs, high cutoff freq: fh, low cutoff freq: fl, ripple(dB), order → IIR Filter Cluster, error)	计算用于设计基于切比雪夫滤波器模型的 IIR 滤波器的系数，与 IIR Cascade Filter 联合使用
Inv Chebyshev Coefficients	(filter type, sampling freq: fs, high cutoff freq: fh, low cutoff freq: fl, attenuation (dB), order → IIR Filter Cluster, error)	计算用于设计基于切比雪夫 II 型滤波器模型的 IIR 滤波器的系数，与 IIR Cascade Filter 联合使用
Elliptic Coefficients	(filter type, sampling freq: fs, high cutoff freq: fh, low cutoff freq: fl, passband ripple (dB), order, stopband attenuation (dB) → IIR Filter Cluster, error)	计算用于设计基于椭圆滤波器模型的 IIR 滤波器的系数，与 IIR Cascade Filter 联合使用
Bessel Coefficients	(filter type, sampling freq: fs, high cutoff freq: fh, low cutoff freq: fl, order → IIR Filter Cluster, error)	计算用于设计基于贝塞尔滤波器模型的 IIR 滤波器的系数，与 IIR Cascade Filter 联合使用

续表(二)

节点名称	节点图标	功 能
Smoothing Filter Coefficients	type, half-width, shape, time constant, fs → coef → reverse coefficients, forward coefficients, error	计算用于设计基于平滑滤波器模型的 IIR 滤波器的系数,与 IIR Cascade Filter 联合使用
Inverse f Filter Coefficients	exponent, fs, filter specifications, unity gain freq (rad/s) → coef 1/y → IIR Filter Cluster, filter information, magnitude error (dB), error, noise bandwidth	计算用于设计基于反幂律滤波器模型的 IIR 滤波器的系数,与 IIR Cascade Filter 联合使用
IIR Cascade Filter	X, IIR Filter Cluster, init/cont (init:F) → Filtered X, error	级联 IIR 滤波器
IIR Cascade Filter with I.C.	X, IIR Filter Cluster, Initial Filter State → Filtered X, Final Filter State, error	可以设定初始状态的级联 IIR 滤波器
IIR Filter	init/cont (init:F), X, Reverse Coefficients, Forward Coefficients → Filtered X, error	直接型 IIR 滤波器
IIR Filter with I.C.	X, Reverse Coefficients, Forward Coefficients, Initial X Conditions, Initial Y Conditions → Filtered X, error, Final X Conditions, Final Y Conditions	可以设定初始状态的直接型 IIR 滤波器
Cascade->Direct Coefficients	IIR Filter Cluster → Reverse Coefficients, Forward Coefficients	将 IIR 滤波器的系数由级联形式转换为直接形式
Advanced FIR Filtering(高级 FIR 滤波器)		
FIR Windowed Coefficients	high cutoff freq: fh, filter type, sampling freq: fs, taps, window, option, low cutoff freq: fl → FIR Windowed Coefficients, error	计算用于设计加窗 FIR 滤波器的系数
Parks-McClellan	# of taps, sampling freq: fs, Band Parameters, filter type → h, ripple, error	计算具有线性相频响应的数字 FIR 滤波器的系数
FIR Narrowband Coefficients	ripple: rp, sampling freq: fs, passband: fpass, stopband: fstop, center freq: fc, attenuation (db): Ar, filter type → IFIR Coefficients, error	计算用于设计内差窄带 FIR 滤波器的系数,与 FIR Narrowband Filter 联合使用
Convolution	algorithm, X, Y → X * Y, error	卷积
FIR Narrowband Filter	X, IFIR Coefficients → Filtered X, error	窄带 FIR 滤波器

【例 7.8】 低通滤波举例。

在信号传输过程中，经常会混入高频噪声，噪声的能量甚至会超过信号能量。接收端收到信号后，通常首先要进行低通滤波，然后才能对信号进一步处理。通过滤波能够有效提高信号的信噪比。

VI 的前面板和程序框图如图 7-25 所示。原始信号由正弦波和高频噪声叠加而成。产生高频噪声的方法是将高斯白噪声通过一个巴特沃斯高通滤波器(该滤波器的 low cutoff freq 设置为 100，即滤掉频率小于 100 的低频噪声分量)。信号滤波器为巴特沃斯低通滤波器，low cutoff freq 端口设置为 30，即滤掉频率大于 30 的噪声分量。

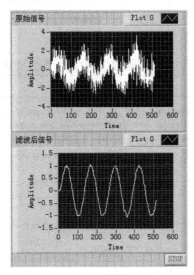

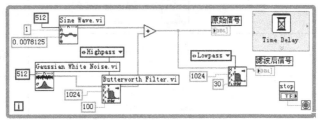

图 7-25 例 7.8 的前面板和程序框图

7.3.5 窗函数

窗函数的作用是截断信号、减少谱泄漏和分离频率相近的大幅值信号与小幅值信号。在实际测量中，采样长度总是有限的。采样信号只是所测的连续时间信号的截断，不可避免地引起谱泄漏，造成所得的频谱与实际信号的频谱不一致。减少谱泄漏的一个简单方法是使用平滑窗。对采样信号加窗，可以减少截断信号的转折沿，从而减少谱泄漏，在这个意义上，平滑窗相当于窄带低通滤波器。

LabVIEW 提供了多种常用的窗函数。对一个数据序列加窗时，LabVIEW 认为此序列即是信号截断后的序列，因此窗函数的宽度等于数据列的长度。窗函数节点位于 Functions→All Functions→Analyze→Signal Processing→Windows 子模板上，如图 7-26 所示。

图 7-26 窗函数模板

窗函数模板中各个节点的功能见表 7.14。

表 7.14 窗函数模板中的节点及功能

节点名称	节点图标	功　　能
Scaled Time Domain Window		归一化窗函数
Hanning Window		汉宁窗
Hamming Window		海明窗
Triangle Window		三角窗
Blackman Window		布喇克曼窗
Exact Blackman Window		增强的布喇克曼窗
Blackman-Harris Window		Blackman-Harris 窗
Flat Top Window		平定窗
Kaiser-Bessel Window		凯塞-贝塞尔窗
General Cosine Window		余弦窗
Cosine Tapered Window		Cosine Tapered 窗
Force Window		Force 窗
Exponential Window		指数窗

习 题 7

7.1 创建可以产生正弦波的程序，显示波形，并可以在前面板改变其幅度和频率。

7.2 构建一VI先产生正弦信号，并加入白噪声以模拟信号传输中的随机干扰信号，然后设计一个巴特沃斯低通滤波器，以滤除噪声，提取正弦信号。

7.3 创建程序，输入实矩阵A和B，实现两个矩阵的积，并求A的转置和B的范数。

7.4 产生两个叠加噪声的正弦信号，并实现两信号的互相关，判读两信号的相关性。

7.5 编写程序求多项式 $x^4+14x^3+71x^2+154x+120$ 在$(-10\sim10)$范围内的零点。

7.6 编写程序先通过Gaussian White Noise产生一个满足高斯分布的随机数序列，再对该序列进行统计分析，显示直方图，给出标准方差、平均值和均方根。

7.7 创建VI产生三个频率不同的正弦波并将三个信号叠加，再把叠加的信号进行傅里叶变换，显示变换前后的波形。

第 8 章　LabVIEW 程序设计技巧

本章将介绍 LabVIEW 编程中的一些技巧，包括局部变量、全局变量、属性节点和 VI 属性设置。

8.1　局部变量和全局变量

局部变量和全局变量是 LabVIEW 为改善图形化编程灵活性局限而专门设计的两个特殊节点，主要解决数据和对象在同一 VI 程序中的复用和在不同的 VI 程序中的共享问题。

8.1.1　局部变量

局部变量只是在同一个程序内部使用，每个局部变量都对应前面板上的一个控件，一个控件可以创建多个局部变量。局部变量位于 Functions→All Functions→Structures 子模板中，如图 8-1 所示。

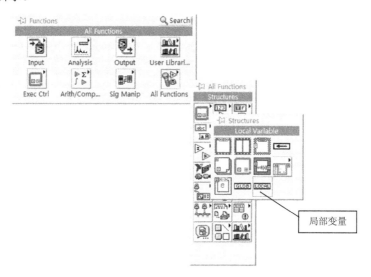

图 8-1　局部变量节点

1. 局部变量的创建

局部变量的创建有两种方法。第一种方法是选中 Local Variable 节点，将其添加到程序框图中，这时由于局部变量还没有和相应的输入或显示控件相关联，故图标上显示一个问号。用操作工具单击图标，会出现一个下拉选单，选单列出了前面板上所有控制或指示的名称，选择所需要的名称，就完成了前面板对象的一个局部变量的创建，如图 8-2(a)所示。

也可以在图标的右键弹出选单中选择 Select Item，会出现一个与图 8-1(a)同样的下拉选单，功能完全相同，如图 8-2(b)所示。

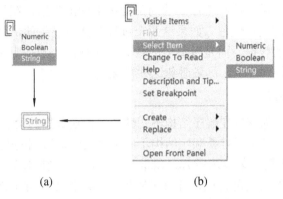

图 8-2　第一种创建局部变量的方法

第二种方式是在前面板或程序框图中右击需要创建局部变量的控件，选择 Creat→Local Variable 选项创建该控件的局部变量，如图 8-3 所示。

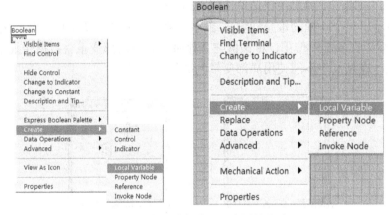

图 8-3　第二种创建局部变量的方法

在默认情况下，新创建的局部变量都是只能写入的端子，在局部变量上弹出快捷菜单，选择 Change To Read 即可把局部变量变为读端子。与控件的框图端子相似，局部变量为读端子时的边框要比为写端子时的边框粗一些。再次弹出快捷菜单，选择 Change To Write，将把局部变量变回写端子。

2．局部变量的特点

（1）局部变量只能在同一个 VI 中使用，其生存期与它所在的 VI 模块密切相关，VI 停止运行，在此 VI 内定义的局部变量自动消失。

（2）局部变量必须依附在一个面板对象上。一个面板对象可以建立多个局部变量，但一个局部变量只能有一个端点与其对应。

（3）局部变量就是其相应前面板对象的一个数据拷贝，要占一定的内存。在程序中要控制局部变量的数量，特别是对于那些包含大量数据的数组，若在程序中使用多个这种数组的局部变量，将会占用大量的内存，从而降低程序运行的效率。

(4) LabVIEW 是一种并行处理语言，只要节点的输入有效，节点就会执行。当程序中有多个局部变量时，要特别注意这一点。因为这种并行执行可能造成意想不到的错误，例如，在程序的某一处，用户从一个控制的局部变量中读出数据，在另一处，根据需要又为这个控制的另一个局部变量赋值。如果这两个过程是并行发生的，就有可能使读出的数据不是前面板对象原来的数据，而是赋值后的数据。这种错误不是明显的逻辑错误，很难发现，因此在编程中要特别注意，尽量避免这种情况发生。

3．局部变量的使用

下面是一个利用局部变量在顺序结构不同帧之间传递数据的例子。

顺序结构局部变量是用于堆叠顺序结构不同帧之间传递数据的变量。2.3.1 小节已经提到，在结构边框上弹出快捷菜单选择 Add Sequence Local 为当前帧添加局部变量。添加的局部变量最初是一个小的浅黄色方框，并且可以拖拽到边框上任意未被占用的位置。若将数据连接到局部变量上，该帧端子中出现一个桔黄色的向外指的箭头，表示该帧是向外输出数据的数据源，称为数据源帧。在以后的各帧中，局部变量端子包含一个向内指的箭头，表示数据源帧向本帧传送数据。注意，在数据源帧前面的帧中不能使用局部变量。要删除局部变量端子，从端子上弹出快捷菜单选择 Remove 即可。

图 8-4 显示了一个 4 帧的堆叠的顺序结构。帧 1 中的局部变量传递随机函数加 5 的值给帧 2，该值可以在帧 2 中使用，将该值与 2 相乘后使用局部变量将数据传递给帧 3，通过波形显示出来。在帧 0 中不能使用局部变量的数据。

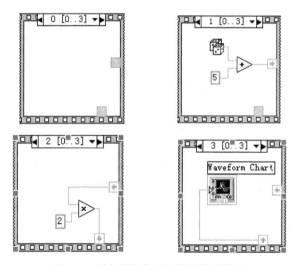

图 8-4　顺序结构中局部变量传递数据

8.1.2　全局变量

LabVIEW 中的全局变量是以独立的 VI 文件形式存在的，这个 VI 文件只有前面板，没有程序框图，不能进行编程。通过全局变量可以在不同的 VI 之间进行数据传递，一个全局变量的 VI 文件可以包含多个不同数据类型的全局变量。与全局变量一样，全局变量位于 Functions→All Functions→Structures 子模板中，如图 8-5 所示。

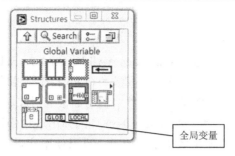

图 8-5　全局变量节点

1．全局变量的创建

全局变量的创建较为复杂。首先从 Structures 子模板中选中 Global Variable 节点，并将其添加到程序框图中；然后双击全局变量图标，打开其前面板，在 Controls 模板中选择需要的前面板对象放入全局变量的前面板，添加对象的类型和数量没有限制；最后在菜单栏中选择 File→Save，保存这个全局变量为一个独立的 VI，如图 8-6 所示。这样就完成了一个全局变量的创建。

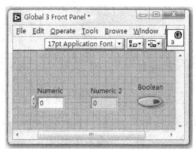

图 8-6　创建全局变量

创建并保存全局变量 VI 后，将鼠标切换至数据操作工具状态，单击程序框图中创建好的全局变量图标或右键单击该图标，从快捷菜单中选择 Select Item，弹出子选单列出了全局变量包含的所有对象名称，根据需要选择相应的对象，如图 8-7 所示。

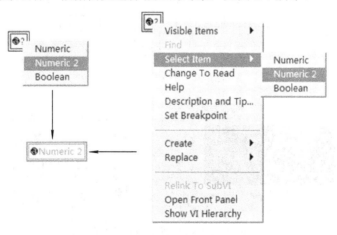

图 8-7　选择全局变量

2. 全局变量的使用

全局变量的使用方法如下：

(1) 在 VI 的框图程序中，选择 Functions→All Functions→Select a VI，在弹出的 Choose the VI to Open 对话框中选择所需的全局变量文件(*.gbl)，在框图程序放置一个默认的全局变量，该全局变量与第一个放入全局变量文件中的前面板的对象相关。

(2) 右键单击全局变量节点，在 Select Item 项的弹出选单中选择所需对象。

(3) 若在一个 VI 中需要使用多个全局变量，可以使用拷贝和粘贴全局变量的方法。

【例 8.1】 利用全局变量在 VI 之间传递数据。

本例创建了一个全局变量和两个 VI。全局变量中包含两个对象，即数组和数值指示器。第一个 VI 利用快速 VI 产生一个带噪声的三角波，送至全局变量的数组中，并测量该波形的最大值，然后送至全局变量的数值指示器中。第二个 VI 从全局变量中将波形数据和该波形的最大值读出，并在前面板中显示。全局变量和两个 VI 的程序框图如图 8-8 所示。

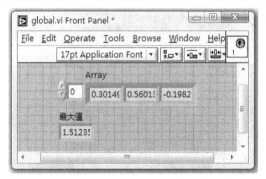

(a) 全局变量前面板

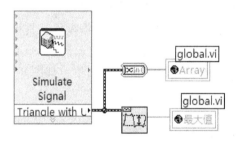

(b) 第一个 VI 框图程序

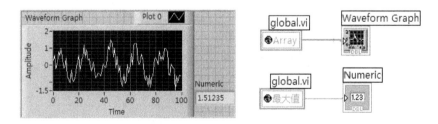

(c) 第二个 VI 的前面板和框图程序

图 8-8　利用全局变量在 VI 之间传递数据

8.2 属 性 节 点

LabVIEW 提供了各式各样的前面板对象，应用这些前面板对象，可以设计出仪表化的人机交互界面。但是，仅仅提供丰富的前面板对象是不够的，在实际运用中，还经常需要实时地改变前面板对象的颜色、大小和是否可见等属性，达到最佳的人机交互功能。LabVIEW 引入属性节点(Property Node)概念，通过改变前面板对象属性节点中的属性值，可以在程序运行中动态地改变前面板对象的属性。

8.2.1 属性节点的创建

属性节点的创建方法是在前面板对象或其端口的右键弹出选单中选择 Create→Property Node 项，即在控件端子旁边创建一个新的属性节点，如图 8-9 所示。

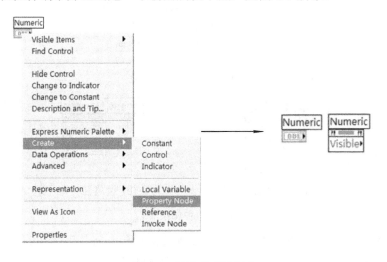

图 8-9 属性节点的创建

创建的属性节点带有标签，为最初标签，可以对原标签进行修改。用操作工具直接单击属性节点的图标，或在图标的右键弹出选单中选择 Properties，会出现一个下拉选单，选单列出了前面板对象的所有属性，可根据需要选择相应的属性。

属性节点最初创建时仅显示一个默认属性。若需要同时改变前面板对象的多个属性，一种方法是创建多个属性节点，另一种方法是在一个属性节点的图标上添加多个端口。添加多个端口的方法是使用位置工具拖动属性节点图标的下边缘或上边缘，也可在属性节点图标右键弹出的选单中选择 Add Element，如图 8-10 所示。添加了新的属性节点后，使用操作工具单击新添项或在新添项单击鼠标右键选择 Properties 项，弹出该对象所有属性的列表，从中选择新的属性节点。

属性节点有 Read 和 Write 两种属性，在属性节点图标某一端口的弹出选单中选择 Change to Read 或 Change to Write 可以改变该端口的读、写属性，选择 Change All to Read 或 Change All to Write 可以改变属性节点图标中所有端口的读、写属性，如图 8-11 所示。

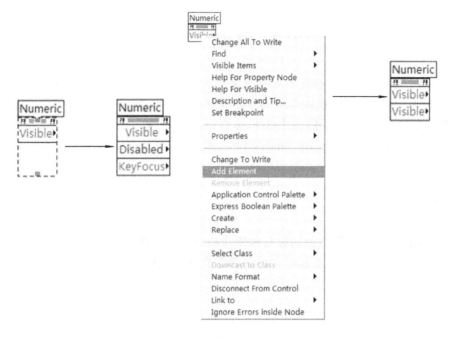

图 8-10 属性节点的添加

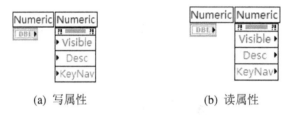

(a) 写属性　　　　　　　　(b) 读属性

图 8-11 两种属性节点

注意：在读、写属性节点的图标上，小箭头的位置和方向是有区别的。当属性节点设置为读属性时，小箭头在节点右侧，方向向外；当属性节点设置为写属性时，小箭头在节点左侧，方向向内。

8.2.2 基本属性

从某种意义上说，属性节点与局部变量是否有效使用，是衡量使用 LabVIEW 编程好坏的标准，因此在编程应用中会经常使用属性节点。不同类型前面板对象的属性种类繁多，各不相同，比如 Wave Gragh 显示控件，其节点属性最复杂，可控属性多达 33 个。有效地使用属性节点可以添加很多实用的功能，使用户设计的图形化人机交互界面更加友好、美观，操作更加方便。下面以字符串控件为例，介绍一些前面板对象共有且常用属性的用法。

1. Visible

Visible 属性用来控制前面板对象在前面板窗口中是否可视，其数据类型为布尔型。当 Visible 值为 True 时，前面板对象在前面板上处于可视状态；当 Visible 值为 False 时，前面板对象在前面板上处于隐藏状态，如图 8-12 所示。

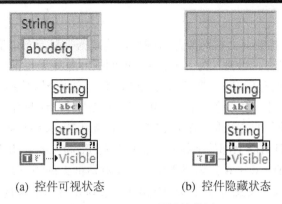

(a) 控件可视状态　　　　(b) 控件隐藏状态

图 8-12　Visible 属性的使用

2．Disabled

当 VI 处于运行状态时，通过 Disabled 属性的设置，可以控制是否允许用户访问一个前面板对象，其数据类型为整型。

前面板对象处于可视状态(Visible)时，当输入值为 0 或 1 时，用户可以访问该前面板对象；当输入值为 2 时，前面板对象处于 Disable 状态，此时用户不可以访问该前面板对象。该属性的设置如图 8-13 所示。

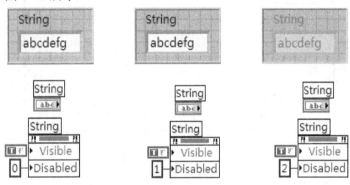

图 8-13　Disabled 属性的使用

3．Key Focus

Key Focus 属性用于控制前面板对象是否处于键盘焦点状态，其数据类型为布尔型。当输入为 True 时，前面板对象处于键盘焦点状态；当输入为 False 时，前面板对象处于失去键盘焦点状态，如图 8-14 所示。

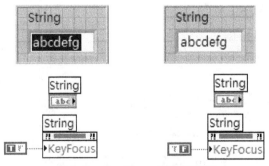

图 8-14　Key Focus 属性的使用

4．Blinking

Blinking 属性用于控制前面板对象是否闪烁，其数据类型为布尔型。当输入为 True 时，前面板对象处于闪烁状态；当输入为 False 时，前面板对象处于正常状态。

前面板对象闪烁的速度和颜色是可以设置的，不过这两个属性不能由属性节点来设置，并且一旦设定了闪烁的速度和颜色，在 VI 处于运行状态时，这两种属性值就不能再改变。设置对象闪烁速度和颜色的方法是：在 LabVIEW 主选单 Tools 中选择 Options…，弹出名为 Options 的对话框，在对话框上部的下拉列表框中选择 Front Panel，出现如图 8-15 所示的属性设置选项，在 Blink Speed 中设置闪烁的速度；在对话框上部的下拉列表框中选择 Colors，出现如图 8-16 所示的属性设置选项，选项 Blink Foreground 和 Blink Background 可以分别设置闪烁的前景色和背景色。

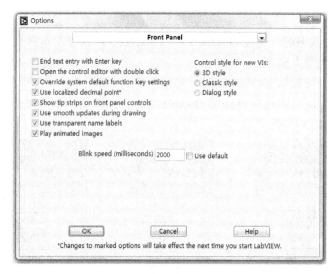

图 8-15　设置闪烁速度

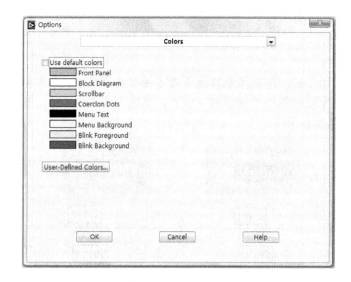

图 8-16　设置闪烁的前景色和背景色

5. Position

Position 属性用于设置和读取前面板对象左上角在前面板窗口中的位置(这个位置以像素点为单位,是相对于窗口左上角坐标原点而言的),其数据类型为簇,包含两个不带符号的长整型数。第一个整数(Left)定位前面板对象图标左边缘的位置,第二个整数(Top)定位前面板对象图标上边缘的位置,如图 8-17 所示。

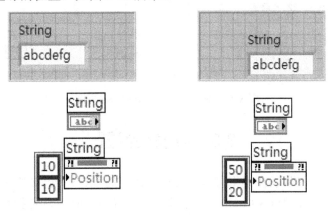

图 8-17 Position 属性的使用

6. Bounds

Bounds 属性为只读属性,用于获得前面板对象图标的大小,包括高度和宽度。其数据类型为簇,包含两个整型元素,一个为前面板对象的宽度,另一个为高度。Bounds 属性的使用如图 8-18 所示。

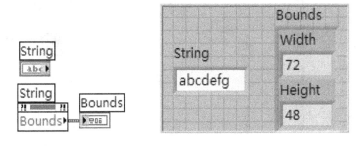

图 8-18 Bounds 属性的使用

8.2.3 属性节点的使用

属性节点的使用用一例子来进行说明。

【例 8.2】 利用容器(tank)的填充颜色(Fill Color)属性,指示一个由随机数发生器仿真的容量是否超过了用户指定的限制。

前面板和程序框图如图 8-19 所示。运行程序,该 VI 将容器值与设定容限值进行比较,如果容器值小于设定值,容器由红色填充,否则由黄色填充。该 VI 用到了 Color Box 常数 (Functions→All Functions→Numeric→Additional Numeric Constants),用于将 True Case 填充为红色,False Case 填充为黄色。用操作工具单击这个常数可以选择颜色。

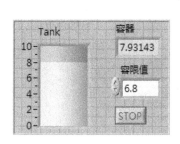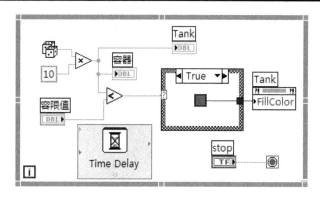

图 8-19　例 8.2 的前面板和程序框图

8.3　VI 属性设置

VI 在运行时的表现除了在编辑过程中要进行适当的规定外,更多的是在 VI 属性设置中完成的。VI 的属性设置通过 VI 属性对话框完成。打开 VI 属性对话框的方法是从选单中选择 File→VI Properties…,或者用鼠标右键单击前面板窗口右上角的图标,弹出快捷选单,选择 VI Properties…,如图 8-20 所示。VI 属性对话框如图 8-21 所示,在 Category 下拉列表框中选择需要设定的属性类别,目前的属性类别有 10 项。

图 8-20　VI 图标的右键弹出选单　　　图 8-21　VI 属性对话框

第 1 个选项为 General,是默认选项,提供图标编辑,显示 VI 路径和版本信息。

第 2 个选项为 Memory Usage,显示 VI 所占用的磁盘空间和系统信息。

第 3 个选项为 Documentation,在该选项下可以设置 VI 的帮助文档,譬如当鼠标移动到 VI 图标上时,会在 Context Help 窗口中显示该 VI 的帮助信息。也可以创建到帮助文档的链接。这是非常有用的,希望用户尽量为自己的每个 VI 都写帮助文档,这样有利于他人和自己读懂 VI。

第 4 个选项为 Revision History,设置当前 VI 的版本信息。

第 5 个选项为 Editor Options,设置使用右键快捷选单命令 Create→Control 或 Create→

Indicator 创建前面板对象时前面板对象的外观,如前面板对象字体、显示风格等。

第 6 个选项为 Security,设定 VI 的访问口令。

第 7 个选项为 Window Appearance,设定 VI 的窗口外观,如标题名、窗口内容等。

第 8 个选项为 Window Size,设定窗口大小。

第 9 个选项为 Execution,设定 VI 的运行属性,包括优先级、运行子系统等。

第 10 个选项为 Print Options,设置 VI 和模板的打印属性,如页边距设置、是否打印页头、前面板图形是否加边框等。

习 题 8

8.1 使用属性节点实现在波形显示中,可用旋钮实现 X 轴和 Y 轴量程的切换。

8.2 编写 While 循环语句产生一随机数,在前面板用 Numeric 显示,使用属性节点设置程序运行时 Numeric 开始闪烁,运行结束闪烁停止。

8.3 发生任意波形,通过 Chart 显示,并通过 XScale.Format 属性设置 X 轴的显示格式为相对时间。

第 9 章 仪 器 控 制

在使用 LabVIEW 开发虚拟仪器时,仪器控制是非常重要的内容。仪器控制的功能是把实际仪器设备与计算机连接起来一起工作,同时还可以根据需要进行扩展。要顺利实现仪器控制,要求仪器与计算机实现正确的通信,存在正确的通路,并在计算机上安装仪器控制的程序。仪器与计算机之间的常见接口有串口和 GPIB 等。LabVIEW 中仪器控制节点如图 9-1 所示。

图 9-1 仪器 I/O 子模板

9.1 串 行 通 信

串行通信是一种常用的数据传输方法,它用于计算机与外设之间的数据传输,例如一台可编程仪器与另外一台计算机之间的通信。串行通信中发送方通过一条通信线,一次一个字节地把数据传送到接收方。串行通信系统的组成如图 9-2 所示。

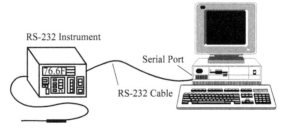

图 9-2 串行通信系统组成

由于大多数电脑都有一至两个串行通信接口,因此串行通信非常流行。许多 GPIB 仪器也都有串行接口。然而,串行通信的缺陷是一个串行接口只能与一个设备进行通信。

一些外设需要用特定字符来结束传送给它们的数据串。常用的结束字符是回车符、换行符或分号，具体可以查阅设备使用手册，以决定是否需要一个结束符。

在 LabVIEW 功能模板的 Instrument I/O>Serial 程序库中包含进行串行通信操作的一些功能模块：

(1) Serial port init VI 模块用于初始化所选择的串行口。其中，Flow control 设置握手方式的参数；Buffer size 设置程序分配的输入/输出缓冲区的大小；Port number 决定通信接口地址；Baud rate、data bits、stop bits 和 parity 等设置通信参数。

(2) Serial port write VI 模块用于把 String to write 中的数据写到 port number 指定的串行接口中。

(3) Serial port read VI 模块用于从 Port number 指定的串行接口中读取 requested byte count 指定的字符个数。

(4) Bytes at serial port VI 模块用于计算由 Port number 指定的串行接口的输入缓冲区中存放的字节个数，并将该数值存放于 Byte count 中。

9.2 GPIB 总线标准(IEEE 488)

9.2.1 GPIB 概念

惠普公司在 20 世纪 60 年代末和 70 年代初开发了 GPIB 通用仪器控制接口总线标准。IEEE 国际组织在 1975 年对 GPIB 进行了标准化，由此，GPIB 变成了 IEEE 488 标准。术语 GPIB、HP-IB 和 IEEE 488 都是同义词。GPIB 的原始目的是对测试仪器进行计算机控制。然而，GPIB 的用途十分广泛，现在已广泛用于计算机与计算机之间的通信，以及对扫描仪和图像记录仪的控制。

9.2.2 GPIB 总线的结构和工作方式

GPIB 是一个数字化的 24 线并行总线，它包括 8 条数据线、5 条控制线(ATN、EOI、IFC、REN 和 SRQ)、3 条握手线和 8 条地线。GPIB 使用 8 位并行、字节串行的异步通信方式。也就是说，所有字节都是通过总线顺序传送，传送速度由最慢部分决定。由于 GPIB 的数据单位是字节(8 位)，数据一般以 ASCII 码字符串方式传送。

标明传送数据结束的方式有三种。通常，GPIB 包括一根连接线(EOI)，用来传送数据完毕信号，也可以在数据串结束处放入一个特定结束符(EOS)；有些仪器用 EOS 方法代替 EOI 信号线方法，或者两种方法一起使用；还有一种方法，听者(数据接收方)可以计数已传送的数据字节，当达到限定的字节数时停止读取数据。只要 EOI、EOS 和限定字节数的逻辑"或"值为真，数据传送就停止。一般字节计数法作为缺省的传送结束方法，典型的字节数限定值等于或大于需要读取的数据值。

每个设备，包括计算机接口卡，必须有一个 0～30 之间的 GPIB 地址。一般 GPIB 接口板设置为地址 0，仪器的 GPIB 地址是 1～30。GPIB 由一个控者来控制总线。在总线上传送仪器命令和数据，控者寻址一个讲者，一个或者多个听者。数据串在总线上从讲者向听者传送。LabVIEW 的 GPIB 程序包自动处理寻址和大多数其他的总线管理功能。

9.2.3 GPIB 子模板简介

GPIB 子模板位于 Instrument I/O 子模板下，如图 9-3 所示。该子模板包含 10 个传统的 GPIB 子模块和 488.2GPIB 命令模块。这些模块在工作平台上可以调用低层的 488.2 驱动软件。大多数的 GPIB 应用程序只需要从仪器读写数据串。下面讨论常用的子模块、具体常用节点及其功能(如表 9.1 所示)。

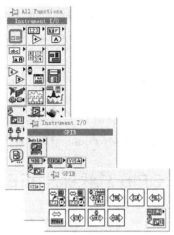

图 9-3 GPIB 子模板

表 9.1 GPIB 子模块

节点图标及端口连线	说　明
require re-addressing (T) assert REN with IFC (T) system controller (T) address string IST bit sense (T) ── error out error in disallow DMA (F)	对 GPIB 设备进行初始化。 require re-adddressing:若输入为"真"，则在 GPIB 仪器每次读写完毕后，都重新寻址；若输入为"假"，则每次保留地址号。 assert REN with IFC:若输入为真，控制器是系统控制者，则 GPIB 设备发送远程控制信号。 system contronller:若输入为真，则计算机为系统控制者。 address string:输入 GPIB 设备的地址号
timeout ms (488.2 global) address string byte count ── data mode (0) ── status error in ── error out	GPIB 读 该模块从 address string 指定地址的 GPIB 设备中读取 byte count 端口指定的字节数。可以使用 Mode 参数来指定结束读取的条件，与 byte count 一起使用
timeout ms (488.2 global) address string data ── status mode (0) ── error out error in	GPIB 写 将 data 端口中的数据写入 address string 端口指定的设备中。Mode 指定如何结束 GPIB 写入过程
address string ── status error in ── GPIB error ── byte count ── error out	GPIB 状态 给出最近一次 GPIB 运行结束后指定地址的 GPIB 控制器的状态和传输的字节数。 address string：地址字符串是指定 GPIB 控制器的地址。 status:输出指定地址的 GPIB 控制器的状态

9.2.4 GPIB 仪器应用举例

【例 9.1】 使用 GPIB 子程序模块与 GPIB 设备通信。

建立一个与任何 GPIB 仪器通信的程序。本例采用传统的 GPIB 子程序与指定仪器进行 GPIB 读/写操作。命令行参数"*idn?"适用于大多数 IEEE 488.2 兼容仪器，它要求仪器返回其标识符。GPIB 仪器通信 VI 前面板如图 9-4 所示。

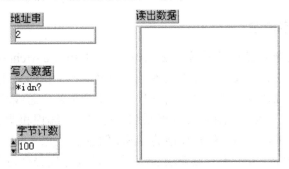

图 9-4 GPIB 仪器通信 VI 前面板

1. 前面板的建立

(1) 从 File 菜单中选择 NEW 打开一个新面板。

(2) 建立上图所示的控制和显示(请记住，从程序框图(见图 9-5)中选择相应的功能模块，再选择 Create Control 或者 Create Indicator，可以产生所有的控制和显示)。

(3) 从"写入数据"控制栏中输入"*idn?"，在"字节计数"中输入数值 100，如图 9-4 所示。

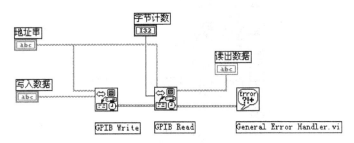

图 9-5 GPIB 仪器通信 VI 框图程序

2. 程序框图的建立

(1) 打开框图编程窗口。

(2) 创建图 9-5 所示的框图子程序模块。

GPIB Write 功能模块(在 Instrument I/O GPIB 子模板)用于将字符串写入 GPIB 仪器。

GPIB Read 功能模块(在 Instrument I/O GPIB 子模板)用于从 GPIB 仪器中读取数据字符串。

General Error Handler 功能模块(在 TIME & DIALOG 子模板)用于检查出错报告字符串，如果发现错误，则显示一个对话框。

(3) 返回前面板，并运行该程序。在"读出数据"显示栏中将显示仪器的标识字符串，如果无数据返回，而接收到一个 GPIB 出错信息"EABO"(或者"error=6")，则表示仪器不能读命令参数"*idn?"，需查阅仪器的使用手册以找出合适的相应命令。

(4) 将上述程序以 GPIB.vi 的名字保存，然后关闭。

9.3　VISA 编 程

9.3.1　VISA 的基本概念

VISA 是虚拟仪器软件结构体系(Virtual Instrument Software Architecture)的简称，是美国国家仪器 NI(National Instrument)公司开发的一种用来与各种仪器总线进行通信的高级应用编程接口。VISA 总线 I/O 软件是一个综合软件包，不受平台、总线和环境的限制，可用来对 USB、GPIB、串口、VXI、PXI 和以太网系统进行配置、编程和调试。VISA 是虚拟仪器系统 I/O 接口软件。基于自底向上结构模型的 VISA 创造了一个统一形式的 I/O 控制函数集。VISA 是由组成 VXI plug&play 系统联盟的 35 家最大的仪器仪表公司所统一采用的标准。采用了 VISA 标准，就可以不考虑时间及仪器 I/O 选择项，驱动软件可以相互兼容。一方面，对初学者或是简单任务的设计者来说，VISA 提供了简单易用的控制函数集；另一方面，对复杂系统的组建者来说，VISA 提供了非常强大的仪器控制功能与资源管理。LabVIEW 在 I/O 控制子模板中提供了 VISA Resource name 控件，如图 9-6 所示。

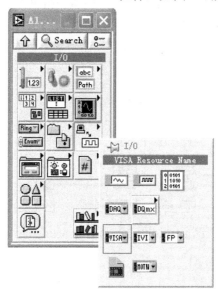

图 9-6　VISA Resource name 控件

9.3.2　VISA 子模块简介

VISA 的功能模块位于 Instrument I/O→VISA→VISA Advanced 子模板中，如图 9-7 所示。该模板中包括基本节点、指定接口、事件处理、高层寄存器读/写、低层寄存器读/写等几个部分，本节仅介绍常用的几个部分。

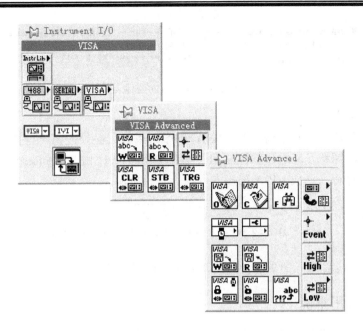

图 9-7　VISA 子模块

1. VISA Write 函数

VISA Write 节点的图标及其端口连接定义如图 9-8 所示。该节点把 write buffer 中的字符串(或其他数据)写入 VISA Resource name 端参数指定的设备。Dup VISA Resource name 传送相同的 Resource name 值。

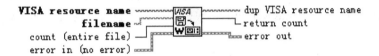

图 9-8　VISA Write 节点的图标及其端口

2. VISA Read 函数

VISA Read 节点的图标及其端口连接定义如图 9-9 所示。该节点读取 VISA Resource name 指定设备中的数据。Dup VISA Resource name 传送相同的 session 值。

图 9-9　VISA Read 节点的图标及其端口

3. 打开会话通道

打开仪器前面板之前，先应该打开两种类型的会话通道，即资源管理器会话通道和器件会话通道，而且应先打开资源管理器会话通道。VISA Open 节点的图标及其端口如图 9-10 所示。

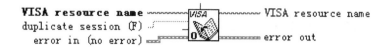

图 9-10 VISA Open 节点的图标及其端口

4．关闭会话通道

为了节省计算机的系统资源，当 VISA 程序结束时，必须关闭所有打开的会话通道。VISA Open 节点的图标及其端口如图 9-11 所示。该函数关闭由 VISA Resource name 端参数指定的设备通信过程，释放 VISA 连接占用的计算机资源。

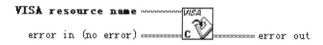

图 9-11 VISA Close 节点的图标及其端口

9.3.3 VISA 应用举例

【例 9.2】 用 VISA 模块与 GPIB 设备或者串行设备通信。

使用 VISA 功能模块向指定设备(GPIB 或者串行设备)读/写数据。命令参数 "*idn?" 适用于大多数仪器，无论是 GPIB 通信或是串行通信。它返回仪器的标识字串。"*idn?" 查询可以得到代表被查询仪器的内部标识符，如厂家、型号等。

1．前面板的建立

(1) 打开一个新的前面板，并且照图 9-12 建立控制和指示件。VISA session 控制件可以在 CONTROLS 模板中的 Path&Refnum 子模板中找到，也可以通过 VISA Open 功能模块创建。

(2) Resource Name 控制件应包含下列值：

对于地址=2 的 GPIB 仪器："GPIB::2::0::INSTR"；

对于 COM1 上的串行仪器："ASRL 1::INSTR"。

(3) 在 Write Buffer 字串控制栏中输入 "*idn?"，在 Byte Count 控制栏中输入 100。

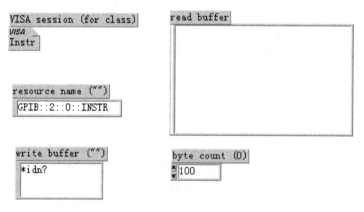

图 9-12 VISA 通信的前面板

2. 程序框图的建立

(1) 打开框图窗口，如图 9-13 所示。

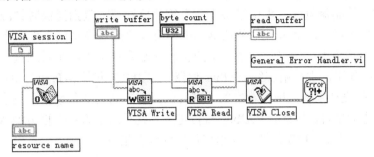

图 9-13　VISA 通信的框图面板

(2) 按照图 9-13 所示选择创建框图对象并连接线，图中调用了下面的模块：

VISA Open 功能模块(在 Instrument I/O::VISA 子模板中)用于打开通信过程，并产生 VISA session 参数。

VISA Write 功能模块(在 Instrument I/O::VISA 子模板中)用于把数据串写入指定设备。

VISA Read 功能模块(在 Instrument I/O::VISA 子模板中)用于从指定设备中读入数据。

VISA Close 功能模块(在 Instrument I/O::VISA 子模板中)用于关闭 VISA Session。

(3) 返回前面板并运行该程序。VISA session 控制件保持为设置值 INSTR。如果要修改此参数，可以打开 VISA session 控制件，选择 VISA Class 值。根据 Resource name 的设置值，可以选择与 GPIB 或者串行设备进行通信。

(4) 以 VISA.vi 文件名保存该程序，并关闭程序。

9.4　VXI 和 PXI 总线系统简介

9.4.1　VXI 总线系统

20 世纪 80 年代后期，仪器制造商发现 GPIB 总线和 VME 总线产品无法再满足军用测控系统的需求。在这种情况下，HP、Tekronix 等五家国际著名的仪器公司成立了 VXIbus 联合体，并于 1987 年发布了 VXI 规范的第一个版本。几经修改和完善，于 1992 年被 IEEE 接纳为 IEEE-1155-1992 标准。

VXIbus 规范是一个开放的体系结构标准，其主要目标是使 VXIbus 器件之间、VXIbus 器件与其他标准的器件(计算机)之间能够以明确的方式开放地通信，使系统体积更小，通过使用高带宽的吞吐量，为开发者提供高性能的测试设备。VXIbus 采用通用的接口来实现相似的仪器功能，使系统集成软件成本进一步降低。

VXIbus 规范发布后，由于军方对测控系统的大量需求，许多仪器生产厂商都加入到 VXIplug&play(VXI 即插即用)联盟。该联盟是 VXIbus 联合体的固有补充机构。联盟通过规定连接器的统一方法，UUT 接口和测试夹具，共享存储器通信的仪器协议，可选 VXI 特性的统一使用方法以及统一文件的编制方法来增加硬件的兼容性，并开发一种统一的校准方法。联盟还通过规定和推广标准系统软件框架来实现系统软件的"plug&play"互换性。

1. VXI 总线系统规范简介

VXI 总线系统或者其子系统由一个 VXIbus 主机箱、若干 VXIbus 器件、一个 VXIbus 资源管理器和主控制器组成，零槽模块完成系统背板管理，包括提供时钟源和背板总线仲裁等，当然它也可以同时具有其他的仪器功能。资源管理器在系统上电或者复位时对系统进行配置，以使系统用户能够从一个确定的状态开始系统操作。在系统正常工作后，资源管理器就不再起作用。主机箱容纳 VXIbus 仪器，并为其提供通信背板、供电和冷却。

VXIbus 不是设计来替代现存标准的，其目的只是提高测试和数据采集系统的总体性能提供一个更先进的平台。因此，VXIbus 规范定义了几种通信方法，以方便 VXIbus 系统与现存的 VMEbus 产品、GPIB 仪器以及串口仪器的混合集成。

2. VXI 总线系统机械结构

VXIbus 规范定义了 4 种尺寸的 VXI 模块。较小的尺寸 A 和 B 是 VMEbus 模块定义的尺寸，并且从任何意义上来说，它们都是标准的 VEMbus 模块。较大的 C 和 D 尺寸模块是为高性能仪器所定义的，它们增大了模块间距，以便对包含用于高性能测量场合的敏感电路的模块进行完全屏蔽。A 尺寸模块只有 P1、P2 和 P3 连接器。目前市场上最常见的是 C 尺寸的 VXIbus 系统，这主要是因为 C 尺寸的 VXIbus 系统体积较小，成本相对较低，又能够发挥 VXIbus 作为高性能测试平台的优势。

3. VXI 总线系统电气结构

VXIbus 完全支持 32 位 VME 计算机总线。除此之外，VXIbus 还增加了用于模拟供电和 ECL 供电的额外电源线，用于测量同步和触发的仪器总线，模拟相加总线以及用于模块之间通信的本地总线。

9.4.2 PXI 总线系统

PXI (PCI eXtensions for Instrumentation，面向仪器系统的 PCI 扩展)是一种坚固的基于 PC 的测量和自动化平台。PXI 结合了 PCI 的电气总线特性与 CompactPCI 的坚固性、模块化及 Eurocard 机械封装的特性，并增加了专门的同步总线和主要软件特性。这使它成为测量和自动化系统的高性能、低成本运载平台。这些系统可用于制造测试、军事和航空、机器监控、汽车生产及工业测试等各种领域中。

PXI 于 1997 年完成开发，并在 1998 年正式推出，它是为满足日益增加的对复杂仪器系统的需求而推出的一种开放式工业标准。如今，PXI 标准由 PXI 系统联盟(PXISA)所管理。该联盟由 60 多家有公司组成，共同推广 PXI 标准，确保 PXI 的互换性，并维护 PXI 规范。简单来说，PXI 是以 PCI(Peripheral Component Interconnect)及 CompactPCI 为基础，再加上一些 PXI 特有的信号组合而成的一个架构。PXI 继承了 PCI 的电气信号，使得 PXI 拥有如 PCI bus 的极高传输数据的能力，因此能够有高达 132～528 Mb/s 的传输性能，在软件上是完全兼容的。另一方面，PXI 采用和 CompactPCI 一样的机械外型结构，因此也能同样享有高密度、坚固外壳及高性能连接器的特性。

一个 PXI 系统由几项组件所组成，包含了一个机箱、一个 PXI 背板(backplane)、系统控制器(System controller module)以及数个外设模块(Peripheral modules)。在此以一个高度为 3U 的八槽 PXI 系统为例，如图 9-14 所示。系统控制器，也就是 CPU 模块，位于机箱的左边第一槽，其左方预留了三个扩充槽位给系统控制器使用，以便插入因功能复杂而体积较大的系统卡。由第二槽开始至第八槽称为外设槽，可以让用户依照本身的需求而插上不同的仪器模块。其中，第二槽又可称为星形触发控制器槽(Star Trigger Controller Slot)。3U PXI 机箱外形小巧、紧凑，对于狭小的环境测试来说是一项重要的特性，PXI 的背板提供了一些专为测试和测量工程设计的独特特性。专用系统时钟用于模块的同步；8 条独立的总线可以精确同步两个或多个模块；槽间的局部总线可以节省 PCI 总线的线宽。

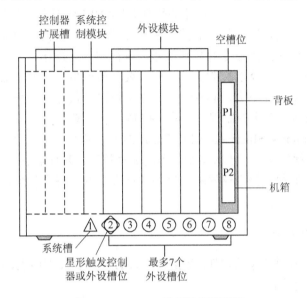

图 9-14 3U PXI 系统的机械配置

PXI 的信号包含了以下几种：

(1) 10 MHz 参考时钟(10 MHz reference clock)。PXI 规格定义了一个低歪斜(Low skew)的 10 MHz 参考时钟。此参考时钟位于背板上，并且分布至每一个外设槽(Peripheral slot)，其特色是由时钟源(Clock source)开始至每一槽的布线长度都是等长的，因此每一外设槽所接收的 clock 都是同一相位的，这对多个仪器模块的同步来说是一个很方便的时钟来源。

(2) 局部总线(Local Bus)。在每一个外设槽上，PXI 定义了局部总线以及连接其相邻的左方及右方外设槽，左方或右方局部总线各有 13 条，这个总线除了可以传送数字信号外，也允许传送模拟信号。比如 3 号外设槽上的左方局部总线可以与 2 号外设槽上的右方局部总线连接，3 号外设槽上的右方局部总线则与 4 号外设槽上的左方总线连接。而外设槽 3 号上的左方局部总线与右方局部总线在背板上是不互相连接的，除非插在 3 号外设槽的仪器模块将这两方信号连接起来。

(3) 星形触发(Star Trigger)。前面说到外设槽 2 号的左方局部总线在 PXI 的定义下，被作为另一种特殊的信号，叫做星形触发。这 13 条星形触发线被依序分别连接到另外的 13 个外设槽(如果背板支持到另外 13 个外设槽的话)，且彼此的走线长度都是等长的。也就是说，若在 2 号外设槽上同一时间在这 13 条星形触发在线送出触发信号，那么其他仪器模块都会在同一时间收到触发信号(因为每一条触发信号的延迟时间都相同)。也因为这一项特殊的触发功能只有在外设槽 2 号上才有，因此定义了外设槽 2 号叫做星形触发控制器槽(Star Trigger Controller Slot)。

(4) 触发总线(Trigger Bus)。触发总线共有 8 条线，在背板上从系统槽(Slot 1)连接到其余的外设槽，为所有插在 PXI 背板上的仪器模块提供了一个共享的沟通管道。这个 8 bit 宽度的总线可以让多个仪器模块之间传送时钟信号、触发信号以及特订的传送协议。

9.5　LabVIEW 仪器驱动程序

仪器的驱动软件是专门控制某种仪器的软件。LabVIEW 因为具有面板控制的概念，特别适合于创建仪器的驱动程序。软件的前面板部分可以模拟仪器的前面板操作。软件的框图部分可以传送前面板指定的命令参数到仪器以执行相应的操作。当建立了一个仪器的驱动程序后，就不必再记住仪器的控制命令，而只要从前面板输入简单数据即可。仅仅拥有控制单台仪器的软件意义并不大，其真正意义在于可以把仪器驱动程序作为子程序调用，与其他子程序一道组成一个大控制程序，从而控制整个系统。

在 LabVIE→Examples→Instr→INSTTMPL.LLB 程序库中，有许多 VISA 仪器驱动程序模板程序。这些模板程序是适用于大多数仪器的驱动程序，并且是 LabVIEW 仪器驱动程序开发的基础。这些模板程序符合仪器驱动程序的标准，并且每个程序都有指导帮助指令以便修改程序以适应某种仪器。

9.5.1　验证仪器驱动软件

验证 HP 34401A 万用表驱动软件。如果有一只 HP 34401A 万用表，就可以运行该程序，否则只能学习程序设计方法。

从 LabVIEW→Examples→Instr→HP34401A.LLB 中打开 HP34401A Getting Started VI 程序，如图 9-15 所示。

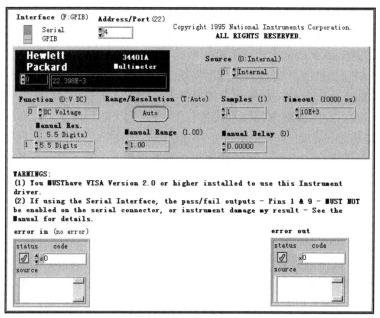

图 9-15　HP34401A Getting Started VI 程序前面板

该程序是一个仪表驱动应用程序,其前面板模仿仪表的前面板。从 Help 菜单中的 Show Help 可以打开帮助窗口,然后把光标指向程序前面板的各个控制件或指示件,就会出现前面板上鼠标所指对象的描述信息。当编写或使用这些仪器驱动程序时,档案资料是非常重要的,这些程序可以用来设置仪器参数和读取仪器数据。本程序是采用低层的仪器驱动模块子程序编写的。这些低层子程序用到了前面的 VISA 功能子模块。

框图程序如图 9-16 所示,该程序使用了如下的子程序:

(1) HP34401A Initialize VI 子程序。这个子程序用于与仪器建立通信并产生一个 VISA session 标识字串。

(2) HP34401A Application Example VI 子程序。这个子程序完成仪器的设置、触发、测量等功能。

(3) HP34401A Close VI 子程序。这个子程序关闭 VISA session 过程。

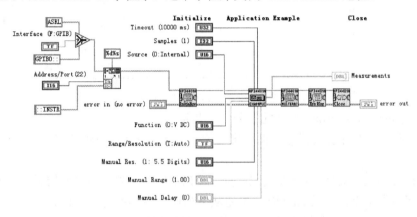

图 9-16　HP34401A Getting Started VI 框图程序

9.5.2　仪器 I/O 助手

在 LabVIEW 中,还可以使用仪器 I/O 助手(Instrument I/O Assistant)完成与仪器的通信工作。仪器 I/O 助手在 Functions→Input/Output 子模板上可以找到,如图 9-17 所示。

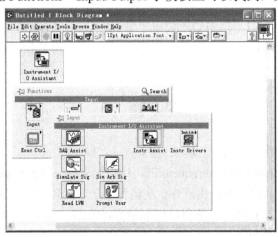

图 9-17　仪器 I/O 助手

放置该节点，自动进入初始化状态，完成后，弹出 Instrument I/O Assistant 任务配置对话框，如图 9-18 所示。

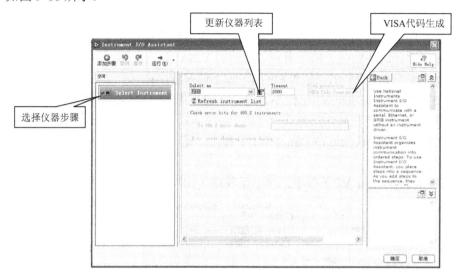

图 9-18 Instrument I/O Assistant 对话框

对 Instrument I/O Assistant 任务配置分以下几步。

(1) 选择仪器。在配置仪器对话框中出现的 Select an Instrument 下拉菜单中，选择目标仪器。

(2) 选择代码生成类型。VISA 代码生成比 GPIB 代码生成允许更多的灵活性和模块性。

(3) 指明通信步骤。使用 Add Step 按钮从下列通信步骤中进行选择。

① Query and Parse：向仪器发送一个查询并解析返回的字符串。

② Write：向仪器发送命令。

③ Read and Parse：从仪器中读取并解析数据。为了使用 Instrument I/O Assistant，将通信步骤置入序列中。当将步骤置入序列时，它们会出现在 Step Sequence 窗口中。

(4) 测试通信序列。添加完预期的步骤后，单击 Run 按钮测试已为 Express VI 配置好的通信序列。

(5) 返回框图，完成 VI。单击 OK 按钮退出 Instrument I/O Assistant 对话框。LabVIEW 在框图中为 Instrument I/O Assistant Express VI 添加与用户将从仪器接收到的数据相一致的输入和输出端子。

习 题 9

9.1 说明常见仪器接口的类型及其特点。

9.2 打开位于 Example\Apps\Freqresp.llb 中的 Frequence Response，这个程序仿真了使用 GPIB 仪器的实现频率测试的应用程序，在该程序中，仿真了哪种数字万用表？验证程序中使用的 For 循环、公式节点、图形和数组都是 LabVIEW 对象。在连续运行的情况下观察改变幅度及信号频率的效果。

9.3 练习使用仪器 I/O 助手从 GPIB 设备中读取数据。

参 考 文 献

[1] [美]Robert H. Bishop. LabVIEW7 实用教程. 北京：电子工业出版社, 2006
[2] 侯国屏, 王坤, 叶齐鑫. LabVIEW7.1 编程与虚拟仪器设计. 北京：清华大学出版社, 2005
[3] 杨乐平, 李海涛, 杨磊. LabVIEW 程序设计与应用. 2 版. 北京：电子工业出版社, 2006
[4] 张爱平. LabVIEW 入门与虚拟仪器. 北京：电子工业出版社, 2004
[5] 杨乐平, 李海涛, 赵勇, 等. LabVIEW 高级程序设计. 北京：清华大学出版社, 2003
[6] 陈锡辉, 张银鸿. LabVIEW8.20 程序设计从入门到精通. 北京：清华大学出版社, 2007
[7] 王磊, 陶梅. 精通 LabVIEW8.0. 北京：电子工业出版社, 2007
[8] 北京中科泛华测控技术有限公司. 计算机虚拟仪器图形编程 LabVIEW 实验教材.
[9] National Instrument GPIB 白皮书
[10] National Instrument 数据采集(DAQ)白皮书
[11] 清华大学电机系虚拟仪器实验室和北京中科泛华测控技术有限公司. LabVIEW 用户指南.
[12] 北京中科泛华测控技术有限公司. NI 数据采集卡快速入门手册.
[13] National Instrument. Getting started guide/NI-DAQmx for USB Devices.
[14] National Instrument. User Guide and Specifications/USB-6008/6009.
[15] 陆绮荣. 基于虚拟仪器技术个人实验室的构建. 北京：电子工业出版社, 2006
[16] 张凯. LabVIEW 虚拟仪器工程设计与开发. 北京：国防工业出版社, 2004
[17] 汪敏生, 等. LabVIEW 基础教程. 北京：电子工业出版社, 2007
[18] http://www.cpubbs.com/bbs/
[19] National Instrument PXI 白皮书